编著人员：潘巧明　韩庆英　赵静华
　　　　　王志临　张太志

浙江省普通本科高校"十四五"重点教材

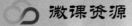

微课资源

人工智能与未来教育

潘巧明　等◎编著

北京大学出版社
PEKING UNIVERSITY PRESS

内容简介

本书较为系统地介绍了人工智能时代技术赋能教育生态的理论与实践探索,以"人工智能技术赋能教育"为核心,整合了智能技术对教育各要素产生的影响,形成人工智能时代师范生培养的框架模式。本书包括人工智能概述、人工智能时代的教育、人工智能时代的学校、人工智能时代的教师、人工智能时代的学生、人工智能时代的教育工具、人工智能时代的教育评估和人工智能时代的教育展望八个方面的内容。掌握这些基本内容,是未来教师进一步适应人工智能时代教育的必备前提,也是了解人工智能时代教育变革的重要渠道。

本书可以作为高等师范院校教育学和教师教育各专业的教材,也可以作为各级各类教师培训的教材,还适合教育管理者和研究者阅读参考。

图书在版编目(CIP)数据

人工智能与未来教育 / 潘巧明等编著. —北京:北京大学出版社,2023.5
ISBN 978-7-301-33938-1

Ⅰ.①人… Ⅱ.①潘… Ⅲ.①人工智能－关系－教育－中国－教材 Ⅳ.①TP18②G52

中国国家版本馆 CIP 数据核字(2023)第 066973 号

书　　　　名	人工智能与未来教育	
	RENGONG ZHINENG YU WEILAI JIAOYU	
著作责任者	潘巧明　等 编著	
责 任 编 辑	胡　媚	
标 准 书 号	ISBN 978-7-301-33938-1	
出 版 发 行	北京大学出版社	
地　　　　址	北京市海淀区成府路 205 号　　100871	
网　　　　址	http://www.pup.cn	
电 子 邮 箱	编辑部 zyjy@pup.cn　　总编室 zpup@pup.cn	
新 浪 微 博	@北京大学出版社	
电　　　　话	邮购部 010-62752015　发行部 010-62750672　编辑部 010-62704142	
印 　刷 　者	河北文福旺印刷有限公司	
经 销 　者	新华书店	
	787 毫米×1092 毫米　16 开本　16.75 印张　330 千字	
	2023 年 5 月第 1 版　2024 年 2 月第 2 次印刷	
定　　　　价	58.00 元	

序　一

教育带有典型的时代特征，从庠序到私塾，从古代官学到现代公立学校，无一不是时代变迁的产物。随着新一代人工智能的兴起，工业革命以来所建立的教育体系正面临挑战，依靠标准化教学来批量生产人才的模式可能难以满足未来社会的需求，社会转型必然会对教育发展提出新的要求。如何利用人工智能促进教育流程再造，提高教育服务的精准化水平，让教育变得更有智慧，成为一个亟待解决的重大时代命题。

"人工智能＋教育"是以人工智能技术为基础，利用技术的优势来拓展教育边界，向先进领域开放。"人工智能＋教育"会促使教育不再局限于校园，而开始面向社会各系统。将学校、社会、企业有机连为一体，最终构建起互联网时代新型教育生态环境，成为教育向外开放的接口。

"人工智能＋教育"能够提高教学效率和效能，为学生更好增知增智、为教师更好教学提供服务。从知识层面来看，"人工智能＋教育"能够促进知识生成、传播、更新、管理，解决知识老化的问题。从学生层面来看，"人工智能＋教育"能够自动感知学生的学习情况，并进行主动调控，使得学生从知识消费者转变为知识创造者，培养学生的创新性素养。从教育者层面来看，"人工智能＋教育"促进教师重新思考教育者的角色，从教书匠向教练员角色转换，让教学活动以学生体验与动态交互为主。更为重要的是，"人工智能＋教育"能够重新设计、呈现全新的学习空间与环境，改变师生传统的交互方式与学习评价方式。

人类正面临一个技术日益增强的时代，科技、自然和人正在加速有效融合，人工智能延伸了人类的体力和脑力。那么，"人工智能＋教育"能否延伸人类教育的"育力"，增强学生的"学力"、教师的"教力"、校长的领导力？这一切还取决于我们的不懈努力。我们期待"人工智能＋教育"下的未来教育能够有效地推进信息技术与教育教学的深度融合与机制创新，能够给我们带来令人惊喜的教育变革。

林正范

浙江教育学会 常务副会长

2023 年 4 月

序 二

公元前 3500 年左右,在苏美尔诞生了人类历史上的第一所学校。自此之后,为传承历史文明,人类开始有意识、有组织、有计划地开展教育活动,这是人类社会的第一次教育大变革。17 世纪初,班级授课制兴起于乌克兰的兄弟会学校。自此之后,为提升教学效率,教育开始走上了标准化、规模化、大众化的发展道路,这是人类社会的第二次教育大变革。今天,人工智能等新兴技术及产品广泛应用于教学、教育管理和服务中,有利于构造无边界、个性化、多样化的学习新生态,人类社会的第三次教育大变革正在来临。

21 世纪以来,短短二十余年的时间,人类社会从信息时代快速步入智能时代。大数据、云计算、区块链和移动 5G 等新技术、新手段正在深刻地影响着人类社会的方方面面,教育领域也不例外。特别是以人工智能为代表的技术进入教育领域后,技术对教育发展的影响作用从辅助、融合走向创新,引发教育理念、教育实践活动的重塑与转变,传统的师生角色定位、教与学、评价方式等都将发生重大变化。人工智能支持下的未来教育活动该如何开展,这是当下教育工作者们普遍关心的问题。

人工智能技术会改变传统教育,这一观点已经成为社会共识。学校、教师、学生、教育工具及教育评估等教育的主要构成要素和内容,也都需要与时俱进,自我革新。人工智能时代的学校不会消亡,"以人为本"的办学理念也不会发生变化,但是学校内涵会更加丰富,形态会更加多样;人工智能时代的教师同样也不会被人工智能教师所取代,但是未来教师的角色定位会发生重大变化,教师的必备素养会进一步拓展,教学方式会更加创新多元、精准个性;人工智能时代的学生不再是知识的被动接受者,也不再是"填鸭式"教育活动的"生产对象",而将成为自主性、个性化和反思型的学习者,其素养和品质内涵也将更加丰富,学习方式也将走向深度协作、泛在终身;人工智能时代的教育工具不仅种类繁多,功能丰富,而且在互联网技术和可视化技术的加持下这些工具将更加直观易用,极大地降低了使用门槛,技术的赋能作用也将得以进一步加强;人工智能时代的教育评估也在教育数据挖掘技术的助力下走向基于数据决策的精准评价,有效破解班级授课制背景下大规模教育难以实施个性化评价的问题,推动教育评价理念、方式、应用的深度变革。

人工智能在为教育走向个性化、泛在化、智能化等带来发展机遇的同时,也为教育发展带来了新的挑战,如人工智能时代的教育伦理问题、教育均衡问题、智能素养问题及数据隐私安全问题等。面对机遇与挑战,我们不能一叶障目,不见泰山,需要充分把握教育发展机遇,科学应对教育发展挑战,顺应未来教育发展趋势。人工智能在教育中的应用已初现端倪,对于教育工作者来说,未来已迎面而来,变革已势不可挡。

郭 炯

西北师范大学教育技术学院 院长

2023 年 4 月

前　言

党的二十大报告明确提出:"坚持以人民为中心发展教育,加快建设高质量教育体系,发展素质教育,促进教育公平。""推进教育数字化,建设全民终身学习的学习型社会、学习型大国。"可见,必须加快推进信息技术、数字技术、人工智能技术向教育领域转移,全面赋能学校教育,推动教育形态的深刻变革。

2017 年,国务院印发的《新一代人工智能发展规划》提出了面向 2030 年我国新一代人工智能发展的指导思想、基本原则、战略目标、重点任务和保障措施等内容,部署构筑我国人工智能发展的先发优势,加快建设创新型国家和世界科技强国。《新一代人工智能发展规划》明确提出:到 2030 年,我国的人工智能理论、技术与应用总体达到世界领先水平,成为世界主要人工智能创新中心。这体现了我国在大力发展人工智能理论、技术和应用等方面的决心和抱负,同时也促进了教育科研工作者对人工智能赋能教育领域的研究和创新。人工智能对教育将会产生怎样的影响?这种影响会以何种方式发生?作为未来的教育工作者的师范生又该如何去应对这样的变化?这些都必将成为教育科研工作者所面临的难题。

教育是培养社会发展所需的人力资本的最主要来源。教育领跑,才能为社会发展提前做好人力资源布局,整个社会才能享受技术引发的教育回报。人工智能技术的迅猛发展,整个社会的人力资本需求必定会发生翻天覆地的变化。从历史的角度出发,教育与技术一直是相辅相成的。只有当教育为培养社会发展所需要的人才提前做好布局时,这个阶段的社会发展才能得以兴盛繁荣。比如工业革命时期,流水线生产需要大量具有基本技能的工人,正是教育的普及,满足了工业革命时代的人力资本需求。反之,教育为社会提供的人才滞后于技术发展,那么整个社会的发展就会停滞。目前来看,人工智能已经在交通、商务、医疗等领域产生了深刻影响,同样,这种影响也必将会发生在教育领域。

本书的编写以《中小学教师信息技术应用能力标准(试行)》为指导,以人工智能技术为抓手,聚焦智能教育理论,以师范院校本科生、研究生智能教育能力培养为目标。本书共有八章,主要内容包含人工智能概述、人工智能时代的教育、人工智能时代的学校、人工智能时代的教师、人工智能时代的学生、人工智能时代的教育工具、人工智能时代的教育评估和人工智能时代的教育展望,旨在使学生对人工智能时代的教育形成一个宏观的认识和了解,培养学生对人工智能时代的教育的学习兴趣,同时能与自己的专业相结合,理解并掌握人工智能技术在教学中的具体应用。

本书由丽水学院教师教育学院院长潘巧明教授负责整体策划、设计和全面的审核与修订,参与编写的人员主要有潘巧明、韩庆英、赵静华、王志临、张太志等老师。本书的编写得到了丽水学院领导、同人的大力帮助和支持,在此表示感谢!书中引用了大量专家、学者的著作、论文和网络资源,在此也向他们表示衷心的感谢!

本书虽经过多次审核、修改,但难免仍有疏漏之处,恳请读者批评指正,以便及时更新和改正。

编 者
2023 年 4 月

本教材配有教学课件或其他相关教学资源,如有老师需要,可扫描右边的二维码关注北京大学出版社微信公众号"未名创新大学堂"(zyjy-pku)索取。

- 课件申请
- 样书申请
- 教学服务
- 编读往来

目　　录

第一章
人工智能概述

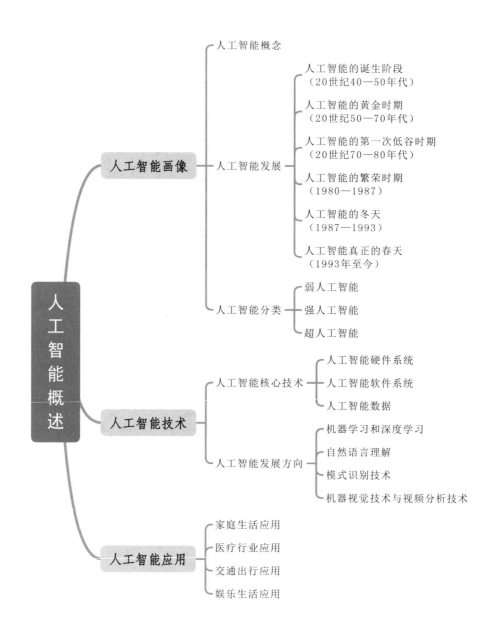

人工智能概述
- 人工智能画像
  - 人工智能概念
  - 人工智能发展
    - 人工智能的诞生阶段（20世纪40—50年代）
    - 人工智能的黄金时期（20世纪50—70年代）
    - 人工智能的第一次低谷时期（20世纪70—80年代）
    - 人工智能的繁荣时期（1980—1987）
    - 人工智能的冬天（1987—1993）
    - 人工智能真正的春天（1993年至今）
  - 人工智能分类
    - 弱人工智能
    - 强人工智能
    - 超人工智能
- 人工智能技术
  - 人工智能核心技术
    - 人工智能硬件系统
    - 人工智能软件系统
    - 人工智能数据
  - 人工智能发展方向
    - 机器学习和深度学习
    - 自然语言理解
    - 模式识别技术
    - 机器视觉技术与视频分析技术
- 人工智能应用
  - 家庭生活应用
  - 医疗行业应用
  - 交通出行应用
  - 娱乐生活应用

近年来，人工智能已经成为热点领域，在不同行业领域展现了快速发展势头和巨大潜力。自 1956 年达特茅斯会议上，美国计算机科学家约翰·麦卡锡首次提出"人工智能"一词之后，经过几十年的发展历程，人工智能的发展速度已经超出了人们的想象：1997 年，IBM 的超级计算机"深蓝"击败来自俄罗斯的国际象棋世界冠军加里·卡斯帕罗夫；2016 年，AlphaGo 击败世界围棋冠军李世石一举成名；2017 年，AlphaGo Zero 从零开始，自己参悟，并以 100∶0 的绝对优势"狂虐"AlphaGo，突破了人类经验的限制。不仅在棋坛，生活中越来越准确的语言翻译软件、医院中的智能语音交互的知识问答和病历查询、平安城市建设中的智能安防系统、无人驾驶汽车、物流机器人等，都无一不在展示人工智能的强大。那么，究竟什么是人工智能？它为何如此"聪明"呢？除了日常生活中见到的人工智能产品外，人工智能技术还在哪些领域发挥了它超强的能力呢？接下来，就让我们通过本章的内容，一起去探索人工智能的奥秘吧！

第一节　人工智能画像

一、人工智能概念

微课

知识链接

"人工智能"（Artificial Intelligence，AI）一词中，"人工"不难理解，就是我们通常意义上认为的人造、仿制等。"智能",则可以认为是智慧和能力的总称。我国古代思想家一般会把"智"和"能"看作两个相对独立的概念,如《荀子·正名篇》中说道:"所以知之在人者谓之知。知有所合谓之智。智所以能之在人者谓之能。能有所合谓之能。"其中,"智"是指进行认知活动的某些心理特点,"能"则是指在进行实际活动过程中的某些心理特点。世界著名的教育心理学家、美国哈佛大学教授霍华德·加德纳在他所提出的"多元智能理论"中表示,智能是解决某个问题或者创造某种产品的能力,前提是这个问题或者这个产品在某一程度上是有意义、有价值的。加德纳提出人类的智能主要有八种:语言智能、逻辑-数理智能、空间智能、运动智能、音乐智能、人际交往智能、内省智能、自然观察智能。从1956年"人工智能"一词被正式提出来之后,人们对人工智能的探索似乎一直在充满未知的道路上曲折前行。因为人工智能所涉及的领域(包括人的思维活动或者人的神经网络等相对复杂的领域)包含了生物医学、神经科学、类脑智能、思维计算等多学科知识,所以到目前为止,人们还在对人工智能的定义进行探索和挖掘。

《现代汉语词典》(第7版)中对人工智能的定义是,计算机科学技术的一个分支,利用计算机模拟人类智力活动;《大英百科全书》限定人工智能是数字计算机或数字计算机控制的机器人执行智能生物体有关任务的能力。贾可荣、张彦铎编著的《人工智能》(第3版)中将人工智能定义为,研究理解和模拟人类智能、智能行为及其规律的一门学科;人工智能主要的任务是建立智能信息处理理论,进而设计可以展现某些近似于人类智能行为的计算系统。

幸运的是,现在人类对人工智能有了初步一致的理解,认为人工智能是一门新兴的跨学科技术,主要研究和模拟人类智能的理论、方法、技术及应用系统,从而使机器代替人类实现认知、识别、分析、决策等功能,其本质是对人的意识和思想的信息过程的模拟。

二、人工智能发展

人类科学技术发展,有些是从神话、幻想或者预言开始的,通过人们不断地探索和实践,逐步走向现实。在许多人类文明记载中,我们都会发现有人工智能的影子,比如我国西周的偃师制造的能歌善舞的人偶、春秋末期鲁班设计的木马车等。同样,人工智能在文学作品中也有所体现,如英国作家玛丽·雪莱在1818年出版的《弗兰肯斯坦》和捷克作家卡雷尔·恰佩克在 1921 年发表的剧作《罗素姆万能机器人》等。

人工智能自出现以来,经历了两次低谷三次浪潮,现在人工智能正处于第三次浪潮,其正在快速发展,为生产力的提升提供变革的动力。截至现在,经过几十年的发展,人们在人工智能领域已经取得了非常惊人的成就。

(一)人工智能的诞生阶段(20 世纪 40—50 年代)

在人工智能的诞生阶段,不得不提图灵测试。图灵测试由被誉为"计算机科学之父"的英国数学家、逻辑学家艾伦·麦席森·图灵于 1950 年提出。图灵测试主要说明的现象是:当测试者和被测试者(包括人和机器)分开时,他们通过一些设备(如键盘和屏幕)向被测试者提问(见图 1-1)。如果有 30% 的测试者无法在五分钟内区分被测试者是人还是机器,这就说明机器通过了测试,该机器就被认为是具有人类智能的。就在同一年,图灵还预测了创造真正智能机器的可能性。以现在的人工智能技术水平来看,30% 的比例是比较低的,现在很多人工智能对话程序都能够顺利通过图灵测试。其实,现在我们经常用到的验证码就是图灵测试的一种,它可以用来区分进行操作的是人还是机器。只是在验证码验证过程中,机器作为测试者,来识别被测试者是人还是机器。验证码的出现有效地防止了一些犯罪分子利用计算机程序对注册用户的登录信息进行暴力破解,并在一定程度上保护了用户账户的安全。

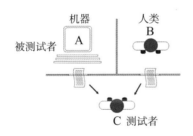

图 1-1 图灵测试示意图

在人工智能的诞生阶段,另一个重要事件是达特茅斯会议。

1956 年 8 月,在美国汉诺斯小镇宁静的达特茅斯学院,约翰·麦卡锡、马文·明斯基(美国人工智能与认知学专家)、克劳德·艾尔伍德·香农(信息论的创始人、美国数学家)、艾伦·纽尔(美国计算机科学家)、赫伯特·亚历山大·西蒙(诺贝尔经济学奖得主,美国计算机科学家、心理学家)等科学家们聚在一起,讨论着一个完全不食人间烟火的主题:用机器模仿人类学习及其他方面的智能。

他们用了将近两个月的时间围绕"机器智能的问题"进行了封闭式的讨论和研究。在本次研讨会上,麦卡锡首次提出了"人工智能"的概念,纽厄尔和西蒙展示了书面逻辑理论的机器。

这次具有历史意义的重要会议,标志着人工智能作为一门新学科正式诞生。此后,美国成立了一系列人工智能研究组织,如纽厄尔和西蒙的合作小组、明斯基和麦卡锡的麻省理工学院研究小组等。

(二)人工智能的黄金时期(20 世纪 50—70 年代)

达特茅斯会议结束之后,人工智能研究进入了黄金时期。

1959 年,计算机游戏先驱、美国计算机科学家阿瑟·塞缪尔在 IBM 公司的首台商用计算机 IBM 701 上编写了跳棋程序。这个跳棋程序会对所有可能的跳法进行搜索,并找到最佳的跳法,还可以挑战具有相当水平的选手。

世界上第一个聊天机器人 ELIZA,由麻省理工学院人工智能实验室的德裔计算机科学家约瑟夫·魏泽堡在 1964 年到 1966 年期间编写,它能够根据设定的规则、用户的提问进行模式匹配,然后从预先编写好的答案库中选择合适的回答。这也是第一个尝试通过图灵测试的软件程序,ELIZA 曾经还模拟过心理医生和患者进行交谈,在首次使用的时候就"骗"过了很多人。

日本早稻田大学在 1967 年启动了 WABOT 项目。1972 年,他们创造了第一个人形机器人——WABOT-1。这个机器人由肢体控制系统、视觉系统和会话系统组成,可以自行导航和自由活动,甚至还可以测量物体之间的距离。它的手有触觉传感器,这意味着它能抓住和运输物体。它的智力与 18 个月大的人类相当,它的诞生标志着人形机器人技术的重大突破。

在这一时期,约翰·麦卡锡开发了 LISP 语言,这成了以后人工智能领域最主要的编程语言;科学家在神经网络领域有了更深入的研究,发现了简单神经网络的不足,多层神经网络、反向传播算法开始出现;专家系统开始逐渐起步;世界上第一台工业机器人 Unimate(见图 1-2)走上了通用汽车的生产线;出现了第一个能够自主移动的机器人 Shakey。

图 1-2　世界上第一台工业机器人 Unimate

（三）人工智能的第一次低谷时期（20 世纪 70—80 年代）

20 世纪 70 年代末,人工智能发展进入了瓶颈期。当时,有限的内存和计算机处理速度难以解决人工智能技术出现的实际问题。通过深层次的研究,研究人员很快发现,"要求程序具有儿童理解水平"的需求是非常高的。在 20 世纪 70 年代,没有人能够建立如此庞大的数据库,也没有人知道一个程序如何能够学到如此多的信息。由于人工智能技术缺乏进展,其背后的资助机构逐渐停止了对人工智能相关研究项目的资助。

这次寒冬并非偶然出现。在人工智能的黄金时期,虽然科学家们创造了各种软件程序和硬件机器人,但它们看起来更像是"玩具",要想真正迈进实用的工业产品队列,短期内无法实现。比如,很多难题在理论上可以得到解决,但因解决它们带来的计算量是惊人的,所以当时这些难题在实际中根本无法得到解决。就像飞机需要有足够的马力才能从跑道上起飞,人工智能也需要足够的计算力才能真正发挥作用。有科学家计算得出,要用计算机模拟人类视网膜视觉至少需要每秒执行 10 亿次指令,而 1976 年最快的计算机 Cray-1 的运算速度每秒还不到 1 亿次。

（四）人工智能的繁荣时期（1980—1987）

研究人工智能的先驱们认真反思和总结了前一阶段的研究经验和教训。1977 年,美国科学家爱德华·费根鲍姆在第五届国际人工智能联合会议上提出了"知识工程"的概念,这在基于知识的智能系统研究和建设中发挥了重要作用。大多数人认同费根鲍姆的观点,即知识是人工智能研究的中心。从那时起,人工智能研究进入了以知识为中心的蓬勃发展的新时代。

在此期间,研究人员对专家系统的研究在许多领域取得了很大进展。不同职能、不同类型的专家系统应运而生,产生了巨大的经济效益和社会效益。利用计算机视觉技术,人工智能不仅可以识别建筑构件和室内景物,还可以处理机械零件、户外景物、医疗影像等的视觉信息。例如,专家系统 MYCIN 可以识别 51 种细菌类型,正确处理 23 种抗生素。它可以帮助医生诊断和治疗血液中的细菌性传染病,并为患者提供最佳配方。该系统通过了严格的测试,并在测试中成功地处理了数百例病例,显示出较高的医疗水平。此外,人工智能可以通过触觉信息和受力信息控制机械手的速度和力度,以此来控制机器人的行为。

专家系统的成功使人们越来越清楚地认识到知识是智力的基础。研究人员在人工智能对知识的表示、使用和获取等方面的研究取得了很大进展,特别是在不确定知识的表示和推理方面取得了突破,建立了主观贝叶斯理论、确定性理论和证据理论。

(五)人工智能的冬天(1987—1993)

20 世纪 80 年代,在人工智能应用不断深入的过程中,专家系统面临的知识获取困难、知识范围狭窄、推理能力弱、智能水平低、缺少分布式功能、实用性差等问题逐渐暴露。到了 20 世纪 80 年代中期,日本、美国和欧洲为人工智能制订的计划多数无法达到预期目标。研究人员深入分析后发现,这不仅是个别项目存在的问题,而且是人工智能研究本质性的问题。这其中具体面临的问题有:① 交互性问题,如传统人工智能算法只能模拟人类思考的行为,却不包括人与环境的交互行为;② 扩展性问题,即规模问题,传统人工智能算法仅适用于构建小领域的专家系统,无法将此算法推广到规模大、领域广的复杂系统;③ 推理性问题,传统的人工智能算法没有解决常识的形式化问题,常用的一阶谓词推理[①]与常识推理就会出现很大的误差。

---

① 一阶谓词推理是现代逻辑中最为经典的演算系统,这种推理演算系统可以利用形式化方法描述认知过程的特征,并利用它们进行知识表达与处理。——编者注

（六）人工智能真正的春天（1993 年至今）

人工智能技术真正发展的稳健时期，可以认为从 1993 年开始。1993 年，美国科幻小说作家弗诺·文奇发表了文章《即将到来的技术奇点：如何在后人类时代生存》，指出三十年内将创造超越人类智慧的机器智能，人类社会将会被终结，这个观点让人们感到不安。在之后的二十年内，人工智能技术与计算机和软件技术深度融合，逐渐出现数据分析、商业智能、信息化、知识系统等易于被大众接受的词汇，其研究成果或者开发的功能也直接可以成为软件工程的一部分。

1997 年，IBM 公司的超级计算机"深蓝"战胜国际象棋世界冠军卡斯帕罗夫，成为首个在标准比赛时限内击败国际象棋世界冠军的计算机系统。

2011 年，IBM 公司开发的使用自然语言回答问题的人工智能系统 Watson 参加美国智力问答节目，打败两位人类冠军，赢得 100 万美元的奖金。

2012 年，加拿大神经学家团队创造了一个具备简单认知能力、有 250 万个模拟"神经元"的虚拟大脑，将其命名为"Spaun"，并且它通过了最基本的智商测试。

2013 年，深度学习算法被广泛运用在产品开发中。Facebook 人工智能实验室成立，开始探索深度学习领域，借此为 Facebook 用户提供更智能化的产品体验；Google 收购了语音和图像识别公司 DNN Research，推广深度学习平台；百度创立了深度学习研究院；等等。

2015 年，被认为是人工智能的突破之年。这一年，Google 开源了利用大量数据直接就能训练计算机完成任务的第二代机器学习平台 Tensor Flow，剑桥大学建立人工智能研究所等。

2016 年，Google 的人工智能系统 AlphaGo 与世界围棋冠军李世石的最后一场人机大战落下帷幕。人机大战第五场经过长达 5 个小时的搏杀，最终李世石与 AlphaGo 的总比分定格在 1∶4，李世石落败。这一次的人机对弈让人工智能正式被世人所熟知，整个人工智能市场也像是被引燃了导火线，开始了新一轮的爆发式增长。

三、人工智能分类

近些年来，人工智能一直在快步发展，我们了解了人工智能发展的历程，可能更加好奇：今天的人工智能到底有多"聪明"？人工智能能发展到什么程度？什么样的人工智能会超出人类的控制范围，甚至给人类带来威胁和挑战？要回答这些问题，我们需要从技术发展程度的角度来梳理不同层级的人工智能，本书将人工智能划分为弱人工智能、强人工智能和超人工智能三个层级。

（一）弱人工智能

弱人工智能，是迄今为止人类能实现的唯一形式的人工智能。以美国麻省理工学院的研究者及其成果为代表，他们强调的是人工智能系统执行的结果，而执行过程无关紧要，研究人工智能的目的是解决困难和问题，他们将任何表现出智能行为的系统都视为人工智能的例子。比如，在围棋比赛中赢了李世石和柯洁的 AlphaGo，就是弱人工智能的一种。虽然很多人觉得 AlphaGo 很强大，但它其实只能在特定领域、既定规则中，表现出强大的智能。同样的弱人工智能还有各类会聊天的手机智能语音助手等。

其实，弱人工智能并不具备思考的能力，而且其本质上也是通过统计学及拟合函数这些技术实现的，实际上并不能真正地推理问题和解决问题，同样也不会产生自己的世界观和价值观。换而言之，弱人工智能就是先教他做，他才会去做。比如，研究人员告诉弱人工智能挥手表示打招呼，那么即便在危险情况下，发出让弱人工智能打招呼的指令，它也会照做。

（二）强人工智能

一般认为，强人工智能是能达到和超过人类水准的人工智能，即有能力推理、计划、解决问题、抽象思维、理解复杂概念、快速学习、从经验中学习等。强人工智能和弱人工智能的区别在于，强人工智能拥有自我意识，能够用自己的思考方式开展推理和执行任务。也就是说，这类人工智能有了一些自己的思想，能独立地思考，并且会有自己的价值观和世界观，会有生物的本能（如生存需要、安全需要，累了要休息等）。同样的挥手指令，强人工智能会自己判断挥手会不会有危险。比如，弱人工智能上面有根电线，如果没给弱人工智能写检测电线的程序，它依旧会毫不犹豫挥手；而强人工智能会自己判断，一旦挥手，就会有危险，因此它会选择在安全的范围内挥手。

对于人类来说，强人工智能的创造比想象中困难很多。目前，强人工智能更多的是出现在科幻片中，比如《复仇者联盟》系列中的奥创、《西部世界》中的机器人等，这些强人工智能都能够像人类一样思考,可以进行独立决策,甚至可以拥有和人类一样的感情意识。

(三)超人工智能

当我们已经身处弱人工智能包围着的世界,并且强人工智能正在通过深度学习不断逼近我们的同时,关于第三种人工智能——超人工智能的讨论则把我们的视野引向了更加遥远的未来。

很多人在提到超人工智能时,第一反应是它的运算速度非常快,就好像它仅用几分钟的时间就能思考完人类需要几十年才能思考完的问题,将其说为超人也不为过。超人工智能拥有人类的思维,有自己的世界观、价值观,会自己制定规则,而且拥有人类所拥有的本能和创造力,它具备比人类思考效率、质量高无数倍的"大脑",懂得灵活多变,符合人类认知中对超人的所有想象。

超人工智能确实比人类的思考速度快很多,但是它与人类真正的差别在智能的质量上而不是速度上。比如,人类之所以比猩猩智能很多,真正的差别并不是思考的速度,而是人类的大脑有一些独特而复杂的认知模块,这些模块让我们能够进行复杂的语言呈现、长期规划或抽象思考等,而猩猩不具备这种能力,这也正是超人工智能进化的方向。

美国未来学家雷·库兹韦尔提出了著名的"奇点理论"。他认为,科技的发展是符合幂律分布[①]的,前期发展缓慢,后期越来越快,直到在某一瞬间爆发;当科技以幂律式的加速度发展时,到2045年,强人工智能最终会出现。我们可以这样认为:人类花了几十年时间,只让人工智能达到了幼儿智力水平,然后,可怕的事情就出现了,在到达这个节点后的很快的时间内,人工智能能立刻推导出爱因斯坦的相对论;而在这之后很快的某个瞬间,这个强人工智能变成了超人工智能,智能水平瞬间达到了普通人类智能水平的17万倍,这个节点便是"奇点"。

第二节　人工智能技术

微课

本小节主要介绍人工智能核心技术与人工智能发展方向。

知识链接

---

①　幂律分布:指某个具有分布性质的变量,且其分布密度函数是幂函数的分布。——编者注

一、人工智能核心技术

人工智能离不开硬件系统、软件系统和数据三大基础支撑，因此人工智能的核心技术同样也可以从这三个方面来解释。

（一）人工智能硬件系统

从人工智能的发展可以看出，早期人工智能的物质基础是通过物理机械结构或者计算机的电子机械结构承载和实现的。随着计算机科学的发展，尤其是作为基础的半导体和集成电路技术的快速发展，经过电子管、晶体管、集成电路到大规模和超大规模集成电路的发展，才有了今天的芯片。芯片也成了人工智能的核心。现在集成电路技术已经非常发达，人们可以将一个庞大和复杂的电路系统直接集成在一个硅片上。如计算机的CPU加上一些外围电路都可以集成在一个硅片上，形成所谓的"单片机"。这为电子产品缩小体积、提高效率和增强性能等带来了极大方便。

由于神经网络、深度学习等算法处理的数据量非常大，速度必须非常快，因此，专用的人工智能芯片是未来的发展趋势。比如，现在很多智能家居设备都已经植入了人工智能的神经网络芯片。未来，这类专用芯片还将得到更加广泛的应用。当然，也可以采用多芯片连接使用以达到更加强大的功能。现在，已经可以通过互联网"云服务"，将大量的芯片和计算机系统连接起来组成人工智能的云服务系统，加上大数据①的处理方法和5G通信技术的支持，人工智能的能力大大提高。

人工智能芯片的发展依赖于半导体技术。在这方面，美国、日本、韩国等一些发达国家一直处于领先位置，如高通、英特尔、英伟达、三星等都是我国主要的芯片供应商。但最近几年，国产芯片发展迅速，加上我国经济实力的突飞猛进、华为在5G领域的全球领先地位、高端人才的回归和各种政策的支持，未来我国在人工智能领域有望弯道超车，走在世界最前列。

---

① 大数据：一种规模大到在获取、存储管理、分析方面大大超出了传统数据库软件工具能力范围的数据集合，具有海量的数据规模、快速的数据流转、多产的数据类型和价值密度低四大特征。——编者注

（二）人工智能软件系统

人工智能的软件系统也可以称为"算法"。"算法"一词原指计算机"计算"题目或处理问题的步骤。这里要说明的是，"算法"是特指计算机工作、完成任务的步骤。人工智能属于计算机科学的一个分支，它的工作步骤也称为"算法"。从哲学的方法论层面来讲，计算机做事的方法和人类做事的方法是相同的，都是先要建立一个能解决问题的数学模型，然后再据此设计具体的工作步骤去求解。人们利用计算机解决问题的一般步骤可概括为：① 对要解决的问题进行理解和分析；② 找出解决问题的方法，建立相应的数学模型；③ 设计计算机解决问题的具体步骤，即"算法"；④ 根据算法编写相应的计算机程序；⑤ 上机调试和检验程序；⑥ 将程序交给计算机执行。目前，计算机真正能参与的只有第⑤步和第⑥步，其他都是由人类来完成的。

（三）人工智能数据

所谓数据是计算机科学术语，是指事实或观察的结果。它是对客观事物的逻辑归纳，用于表示客观事物的未经加工的原始素材。此外，也可以用信息、信号等词语来描述。数据可以是连续的值，也可以是离散的值。在计算机系统中，数据一般以二进制数 0 和 1 的形式表示。

随着人工智能的快速发展和普及应用，大数据在不断累积，深度学习及增强学习等算法也在不断地优化。未来，大数据将与人工智能技术紧密结合，人工智能将具备对数据的发现、分析、理解和决策的能力，从而使人们能从数据中获取更准确、更深层次的知识，挖掘数据背后的价值，并催生新业态、新模式。无论是无人驾驶还是机器翻译，也无论是服务机器人还是精准医疗，都可以见到"学习"大量的"非结构化数据"的现象。深度学习、增强学习和机器学习等技术的发展都在积极地推动着人工智能的进步。比如：计算视觉作为一个复杂的数据领域，传统浅层算法识别准确率并不高，但自深度学习出现以后，基于寻找合适特征来让机器识别物体几乎代表了计算机视觉的主流，图像识别的精准度从 70% 提升到了 95%。由此可见，人工智能的进一步发展不仅需要理论研究，也需要大量的数据积累作为支撑。

海量数据处理主要包括采集与预处理、存储与管理、分析与加工、数据可视化及数据安全等过程。大数据具备数据量大、种类繁多、产生速度快、处理能力要求高、时效性强、可靠性要求严格、价值密度较低等特点,能为人工智能提供丰富的数据积累和训练资源。以人脸识别所用的训练图像数量为例,百度训练人脸识别系统需要 2 亿幅人脸画像。

二、人工智能发展方向

人工智能的发展方向是随着时间的推移,人们对问题的认识不断深入、不断拓展而逐渐形成的。人工智能作为一个多学科、综合性的技术领域,经过多年的发展,取得的成果和形成的技术方向相对广泛和复杂。下面,我们从人工智能核心技术向外拓展,对几个主要的技术方向进行简要的介绍。

(一)机器学习和深度学习

机器学习是人工智能和数据挖掘中最重要也是最热门的算法。国外有些学者对机器学习进行了定义。美国计算机科学家汤姆·米切尔认为,机器学习是对能通过经验自动改进的计算机算法的研究。土耳其伊斯坦布尔博阿齐奇大学计算机工程系教授埃塞姆阿培丁认为,机器学习是指利用数据或以往的经验,来优化计算机程序的性能标准的研究。由此可见,机器学习是通过经验或数据来改进算法的研究,旨在通过算法让机器从大量历史数据中学习规律,自动发现模式并用于预测。换句话说,机器学习即机器从数据中学习,其处理的数据越多,预测就越精准。[①]

机器学习最早可以追溯到 17 世纪关于最小二乘法的推导等数学工具,自从人工智能登上科学舞台之后,就从来没有离开过机器学习。1943 年,美国的神经生理学家沃伦·麦克洛克和数学家沃尔特·皮茨首次提出神经计算模型,为机器学习奠定了基础。1957 年,美国康奈尔大学教授弗兰克·罗森布拉特精准定义的自组织、自学习的神经网络教育模型是典型的机器学习算法。1980 年,在美国卡内基梅隆大学举行的第一届机器学习国际研讨会标志着机器学习开始受到人们的重视。1986 年,《机器学习》杂志创刊,标志着机器学习加速发展。2006 年,盖茨比计算神经科学中心创立者杰弗里·辛顿和人工智能领域专家鲁斯兰·萨拉赫丁诺夫提出了机器学习新方法——深度学习,至今方兴

---

① 余明华,冯翔,祝智庭.人工智能视域下机器学习的教育应用与创新探索[J].远程教育杂志,2017,35(3):11—21.

未艾,并在多个领域取得长足的发展,催生了一大批成功的商业应用。

机器学习主要分为有监督学习和无监督学习。有监督学习和无监督学习主要区别在于,有监督学习需要明确的指令要求,通过对特定输入数据的学习,给出相应的输出;无监督学习没有特定数据的输入,只能靠通过活动收集来的数据进行分析和自主学习,并在数据中发现模式。我们可以把有监督学习看成一条单向车道,只允许车辆往一个方向行驶;将无监督学习看成一条不受交通规则限制的双向车道,规则由来往车辆自行制定。

深度学习则是机器学习领域中一个新的研究方向(深度学习、机器学习和人工智能之间的关系,见图 1-3),它被引入机器学习使其更接近于最初的目标——人工智能。深度学习是在传统人工神经网络算法的基础上发展起来的,是基于多层神经网络模型的更加复杂的机器学习方法和算法的统称。

图 1-3　深度学习、机器学习和人工智能之间的关系

深度学习是学习样本数据的内在规律和表示层次,学习过程中获得的信息对诸如文字、图像和声音等数据的解释有很大的帮助。它的最终目标是让机器像人类一样具有学习分析能力,能够识别文字、图像和声音等数据。深度学习是目前最接近人类大脑认知过程的机器学习算法。深度学习具有强大的自我学习能力,能实现全局特征和分布式特征的提取,已经成为人工智能发展的一个里程碑,也是目前最为热门、影响最大和应用范围最广的一种机器学习技术。

深度学习可以使机器模仿人类的视觉、听觉和思维等智能活动,解决了很多复杂的模式识别难题。以深度学习为代表的机器学习作为人工智能的一个重要分支,目前在诸多领域取得了巨大成功,已经普遍渗透到人工智能其他各个技术方向和各个应用领域。2011 年,IBM 公司开发的人工智能系统 Watson,就使用了包括神经网络在内的多种人工智能技术。Watson 是一个能够使用自然语言来回答问题,集高级自然语言处理、信息检索、知识表示、自动推理、机器学习等开放式问答技术于一体的人工智能系统。同年,iPhone 4S 发布,其亮点在于搭载了支持语音识别并能通过语音进行人机互动的 Siri。

2022 年 11 月，美国人工智能研究实验室 OpenAI 推出的人工智能聊天机器人 Chat-GPT 火遍全网，ChatGPT 采用"概率图解编码"技术，该技术使用深度学习算法来分析用户对话，并生成相应的回复。在大算力、大数据的支持下，ChatGPT 已经可以基本完成大型语言模型从量变到质变的过程，这个语言模型的参数高达 1750 亿。

（二）自然语言理解

自然语言与人工语言相对，是人类日常使用的、为满足人类交流需要而自然演化出来的语言，但它的多义性和不确定性使得人类与计算机系统之间的交流主要还是依靠那些受到严格限制的人工语言。自然语言理解是计算机对自然语言文本进行分析处理，从而理解该文本的过程、技术和方法。自然语言理解可分为声音语言理解和书面语言理解两大类。其中，声音语言理解的过程包括语音分析、词法分析、语法分析、语义分析和语用分析五个阶段，书面语言的理解过程除了不需要进行语音分析外，其他四个分析阶段与声音语言理解的过程相同。

对自然语言理解的应用可以追溯到 20 世纪 50 年代初期。1952 年，第一个语音识别系统 Audrey 诞生在贝尔实验室（见图 1-4）。

图 1-4　贝尔实验室开发的语音识别系统 Audrey

当时，这个系统只能识别 10 个英文数字。20 世纪 80 年代，人工神经网络的引入，使得语音识别的准确性和效率有了大幅度的提升。此外，有研究者还尝试采用混合模型进行语音识别,也取得了很好的效果。随着技术的不断成熟,自然语言理解技术在我们的日常生活中应用越来越广泛,苹果公司的 Siri、微软公司的 Cortana 等虚拟语音助手都采用了最新的语音识别技术,有些语音识别技术的准确率达到 95% 以上。另外,语音识别技术还可以实现智能开关的功能,人们不再需要对电视、音箱等电子产品进行任何触碰,只要说出特定的词语,就可以"唤醒"它们,可以实现语音控制功能,如人们通过发出语音命令就能让音箱点播歌曲;语音识别技术还可以完成声音到文字的识别,如语音输入法、电子病历、录音转写软件等的应用使得语音转换为文字更有效率,解放了人们的双手。

(三)模式识别技术

现在只要将手机屏幕对着我们的面部,就能解锁屏幕,不需要反复输入密码;在用手机拍照时,自带的相册功能可以非常智能地按照时间和地点,甚至是人物将照片进行分类,按照时间和地点进行划分很好理解,但是按照人物自动分类是如何实现的呢? 现在手机拍照时可以自动对焦到我们的面部,但它如何分辨哪里是面部? 哪里是背景呢?

这就涉及人工智能的模式识别技术。一般将可以作为范本、模本的式样称为模式。在模式识别技术中,通常把对某一事物所做的定量或者结构性描述的集合称为模式。模式识别技术就是让计算机能够对给定的事物进行鉴别,并将其归纳到与其相同或者相似的模式中。为了使计算机能够进行模式识别,通常需要为其配备各种传感器,使其能直接感知到外界信息。模式识别的一般过程主要包括以下几个步骤:①采集待识别事物的信息;②对其进行各种变换和预处理,从中抽出特征或者基元,得到待识别事物的模式;③将得到的待识别事物的模式与计算机中原有的各种标准模式进行比较,完成对待识别事物的分类识别;④输出识别结果。

人工智能研究领域中的模式识别主要是研究如何使计算机系统具有模拟人类通过感官接受外界信息、识别和理解周围环境的感知能力。实验表明,人类接受外界信息的80% 以上来自视觉,10% 左右来自听觉,所以,早期的模式识别研究工作主要关注对视觉图像和语音的识别。

模式识别技术是一个不断发展的新的研究领域,它的理论基础和研究范围也在不断地发展,随着生物医学对人类大脑的初步认识,模拟人脑构造的计算机实验,即人工神经网络方法已经成功地用于手写字符的识别、汽车牌照的识别、指纹识别、语音识别、车辆导航和星球探测等方面。

比如,自动驾驶汽车中的图像识别和分类技术(见图 1-5)就是这方面的例子。自动驾驶汽车在行驶过程中,会通过摄像头等采集设备采集路况信息,并对其进行实时的识别与分类处理。自动驾驶汽车识别车辆、行人、车道线、交通标志等图像目标的工作步骤为:首先,使用大量的交通场景图像进行分类器训练,形成样本特征库;其次,将实时采集到的图像与样本特征库中的样本进行比对;最后,实现对交通标志、障碍物的识别和分类。

此外,模式识别技术还可以应用于:自动停车场中的车牌识别,生物医学图像识别,公安部门的现场照片、指纹、手迹、印章、人像等的处理和辨识,历史文字和图片档案的修复和管理,等等。

图 1-5　自动驾驶汽车中的图像识别和分类技术

(四)机器视觉技术与视频分析技术

随着技术的不断发展和人们生活水平的不断提高,每年各大电商平台推出的购物节异常火爆,如"双十一""双十二"等,随之而来的是物流产业的兴起。近几年,人们会发现,物流派送越来越快,次日达、当日达等物流服务的实现,为人们的生活提供了便捷。事实上,这背后需要大量的技术支撑,其中就包含了机器视觉技术和视频分析技术。

2019 年,在美国俄克拉何马州立大学举办的天气预报大赛上,人工智能选手 MOS-X 获得天气预报冠军的消息令所有人震惊。MOS-X 是由美国华盛顿大学的乔纳森·韦恩开发的基于机器学习的天气预测模型。每当大赛主办方宣布一个新预报地点,韦恩就用该城市过去6～7年的天气预报和实况数据来训练MOS-X,将历史预报与实际天气进行比较,来了解不同情况下的模式偏差,并对其校正。这种智能天气预报就应用了机器视觉技术和视频分析技术。

1.机器视觉技术

机器视觉技术涉及人工智能、神经生物学、心理物理学、计算机科学、图像处理、模式识别等诸多领域,主要用机器模拟人的视觉功能,从客观事物的图像中提取信息,进行处理并加以理解,最终用于实际检测、测量和控制。机器视觉技术可应用于产品检测,其具有人工检测所无法比拟的优势。比如,将机器视觉技术运用于禽蛋品质检测中,能够对表面缺陷、大小、形状等鸡蛋的重要指标进行定量描述,避免了因人而异的检测结果,减小检测分级误差,提高生产率和分级精度。

2.视频分析技术

视频分析技术既是仿生学的一个分支,也是人工智能的一个分支。视频分析技术是使用计算机图像视觉分析技术,通过将场景中背景和目标分离,进而分析并追踪在摄像机场景内的目标。用户可以根据分析的模块,通过在不同摄像机的场景中预设不同的非法规则,一旦目标在场景中出现了违反预定义规则的行为,系统会自动发出告警信息;监控指挥平台会自动弹出告警信息、发出警示音,并触发相关的联动设备;用户可以通过点击告警信息,实现对告警的场景重组并采取相关预防措施。

视频分析技术是根据人眼的生物特性来建立一个基本的运行思路,即采集、预处理、处理、动作。①采集。人的眼睛作为传感器,实时、真实地将图像反映到大脑中,这时候人眼生成的图像是一种复合的图像,即将清晰的焦距成像和旁边的稍虚的图像合成,传送给大脑。②预处理。大脑并不是对所有的图像都做实时的分析,而是先采用多层分级的处理过程,首先将背景缓慢移动,距离最近的目标的分辨率最低化,其意义就是忽略一些不需要关注的细节,比如你可能只关心这个人是男人还是女人,包括他/她的外形、高矮、胖瘦、衣服颜色等,而不是首先关心他/她的面部细节。③处理。对于某些突出的细节(感兴趣的区域)进行二次分析,获得细节。④动作。根据所学的规则,大脑进行判断,作出反应。

第三节 人工智能应用

 微课

知识链接

如今,提起人工智能,人们都不会感觉太陌生。人工智能离我们不再遥远,正在慢慢地渗透到我们的工作、学习与生活中。接下来,本小节将介绍人工智能在家庭生活、医疗行业、交通出行及娱乐生活方面的应用。

一、家庭生活应用

人们总是喜欢用工具来提升解决问题的效率,在家庭生活中也是如此。近年来,功能逐渐优化的扫地机器人、智能窗帘、智能电饭煲等产品的普及,为人们生活带来了极大的便利。同时,智能家居的应用也日渐广泛。

以扫地机器人为例。扫地机器人的机身为无线机器,以圆盘形为主,使用充电电池维持运作,操作方式以遥控器或是机器上的操作面板为主。它一般能根据设定的时间预约打扫,自行充电。前方设置感应器,可侦测障碍物,如碰到墙壁或其他障碍物可自行转弯。此外,扫地机器人还可根据设定,走不同的路线,清扫规划的区域(早期机型的扫地机器人可能缺少部分功能)。因为扫地机器人简单的操作功能及便利性,现今已慢慢普及,成为现代家庭的常用家电用品。

以智能机器人为代表的智能家居,越来越受到人们的青睐。智能家居是以住宅为平台,通过物联网技术将家中的各种设备连接到一起,实现智能化的一种生态系统。智能家居最终的目的是让智能家居系统按照主人的生活方式来服务主人,为其创造一个更舒适、更健康、更环保、更节能、更智能的居住环境。它具有智能灯光控制、智能电器控制、安装监控系统、智能背景音乐、智能视频共享、可视对讲系统和家庭影院系统等分类功能。

智能家居的概念起源很早,1984 年美国联合科技公司将建筑设备信息化、整合化概念应用于美国康涅狄格州哈特福德市的都市办公大楼(City Place Building)项目,出现了首栋"智能型建筑",从此揭开了全世界争相研发智能家居的序幕。

随着集成技术、通信技术、互操作性和布线标准的实现,智能家庭网络也在不断完善。它涉及国家网络上所有智能设备和系统集成技术的运营、管理和应用。其技术特点主要有以下几点:智能家居平台系统是通过网关家居及其系统软件建立起来的;智能家居终端集计算机技术、微电子技术和通信技术于一体,集成了家庭智能的所有功能,使智能家居建立在统一的平台上;通过外部扩展模块与家用电器互连,实现了对家用电器的集中控制和远程控制功能。

那么,你对于未来的家的畅想是什么样的呢?

想象一下,未来的家庭会出现下面一些场景。智能管家会根据主人的要求和指示,针对家庭卫生情况进行评估,实施清扫;对家庭成员的时间和事务进行统筹管理,及时提醒;根据网上购物的物流情况,追踪快递、领取快递等。智能窗户系统会根据主人平时的生活习惯和睡眠状态,调整窗户的明暗及窗帘的打开、关闭情况;同时会感知外面的噪声,根据噪声程度实现降噪功能。智能语音系统会根据主人的指示自动播放音乐,打开电视切换频道,自动洗衣、煮饭等。

随着人工智能技术不断崛起,智能家居正在朝着网络化、信息化、智能化等方向发展,功能不断强大,而且使用简单,操作灵活。伴随着智能家居行业标准的逐步制定,研发成本进一步摊薄,产品性价比逐步提升,智能家居将迎来发展的黄金时期。目前,各大厂商正在加速智能家居生态建设的步伐,为市场发展提供持续不断的增长动力,其中包括以万科、恒大为代表的地产企业,以海尔、美的为代表的家电企业和以华为、小米为代表的科技企业等。

"人工智能＋物联网"彻底改变了家庭生活方式,人工智能和可穿戴设备、智能硬件等的完美结合,可以在生活的场景中轻松完成人机交互,无论是智能扫地机器人还是智能管家,都会使家变得更加整洁和方便。

二、医疗行业应用

可爱的长相、亲切的声音、智能化的互动,温州市第七人民医院潘桥院区的智能机器人"晓医"(见图1-6)上岗了。

"您好,我是晓医,有什么问题,您问我就好!"在温州市第七人民医院潘桥院区门诊

图 1-6　机器人"晓医"

大厅,长相神似"大白"的智能机器人"晓医"的出现,吸引了很多人的目光。机器人"晓医",是该院与科大讯飞股份有限公司合作,根据该院需求量身定制的智能机器人产品。它采用讯飞 AIUI 人机智能交互技术,可通过语音、图像、手势等自然交互方式与大家进行沟通交流,可识别、理解口语化表达方式,还能理解带地方口音的普通话。机器人"晓医"具有较高的声音辨别能力,可在门诊大厅嘈杂的环境中智能区分声源,还具有智能记忆功能,可按照提问顺序依次回答问题,更能与大家进行眼神交流、肢体互动;能在医院内部自主行走,准确避开障碍物。

别看机器人"晓医"外表呆萌,它却有"最强大脑"——拥有超过 1 万条医学常识,还可通过"学习"填充知识库。在空闲时间,机器人"晓医"会进入等待服务状态,人们只需说一句"晓医,你好!",就可"唤醒"它,享受问路导航、智能导诊、预约挂号、健康宣教、娱乐互动等服务。

随着大数据、互联网和信息科技的发展,人工智能被广泛试点应用于智慧医疗等领域,近几年,全球各地纷纷提出医疗大数据等概念,将民生健康置于战略性地位,促进了人工智能领域的发展。

智慧医疗,是最近几年兴起的专有医学名词,通过打造健康档案区域医疗信息平台,利用最先进的物联网技术,实现患者与医务人员、医疗机构、医疗设备之间的互动,逐步实现信息化。图 1-7 为常见的智慧医疗示意图。

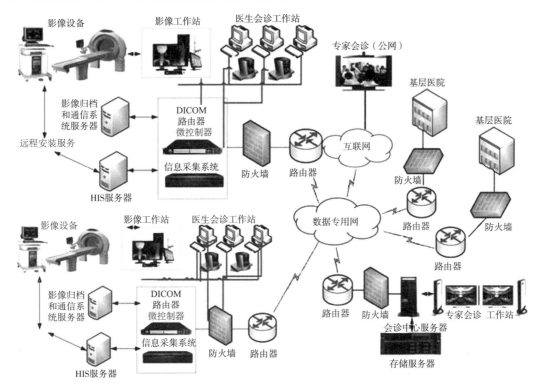

图 1-7 常见智慧医疗示意图

基于智能语音识别、自然语言处理等人工智能技术的智能虚拟助手,通过将患者的病症情况与医学证据、指南等进行合理参照,可协助医生及患者完成问诊、导诊、自诊等工作,可进行常见病筛查以及重大疾病的检测与预警;基于深度学习、图像识别等人工智能技术的智能影像系统,通过大量的影像数据和诊断数据,可以实现医学影像的自动分析和辅助诊断,联合多种检查手段提高诊断的准确性。在医疗资源数量、质量不足的情况下,利用人工智能技术辅助诊断,可以提高医疗诊断速度与准确性,提高患者自诊比例,减少医生工作量,实现疾病早诊早筛、快诊易诊,提升医疗领域的技术能力和服务水平。

随着人均寿命的延长、出生率的下降和人们对健康的关注,现代社会中人们需要更好的医疗系统。这样,远程医疗、电子医疗就派上了用场。借助物联网、云计算等技术,以及人工智能的专家系统、嵌入式系统的智能化设备,可以构建起完善的物联网医疗体系,使全民平等地享受顶级的医疗服务,有效解决或减少由于医疗资源缺乏,导致看病难、医患关系紧张等现象。

三、交通出行应用

在日常生活中，人们都会用到打车服务，打车软件的兴起，为人们的出行提供了便捷。人们使用打车软件，预订成功后，车辆会在很短的时间内到达打车人的上车地点。打车软件中的智能检测，会根据打车人的定位进行自动测距和路线规划，并将最优路线发送给车主。而多人拼车服务也运用了人工智能技术，对多人的路线进行计算和规划，以节约时间，提高服务效率。

引领新一轮科技革命和产业变革的人工智能技术正在深刻地改变我们的生活，具有百年历史的汽车行业也不例外，汽车产业的竞争聚焦在汽车电动化、智能化、网络化和共享化，特别是伴随着人工智能技术、通信技术商业化步伐加快，汽车产业的智能化迎来了爆发式增长。作为汽车产业融合创新的重要载体，自动驾驶是人工智能、汽车电子、信息通信、交通运输等行业深度融合的新兴产业，是全球创新热点和未来发展的制高点，是推进我国交通强国、科技强国、制造强国、智慧社会建设的重要载体和支撑，将为创造更加安全、更加智能、更加清洁的道路交通环境提供可靠保障。

自动驾驶汽车使用视频摄像头、雷达传感器，以及激光测距器等来了解周围的交通状况，并通过一个详尽的地图（通过有人驾驶汽车采集的地图）对前方的道路进行导航。这一切都可以通过数据中心来实现，数据中心能处理汽车收集的有关周围地形的大量信息。就这点而言，自动驾驶汽车相当于数据中心的遥控汽车或者智能汽车。自动驾驶汽车技术也是物联网技术应用之一。

根据自动化水平的高低区分，自动驾驶可分为四个阶段：驾驶辅助、部分自动化、高度自动化、完全自动化。在前三个阶段，系统可以协助、监控或短时间内代替驾驶员操控汽车；而第四个阶段是完全自动化阶段，驾驶员可以休息或进行其他娱乐活动，无须对汽车进行监控或操作。

自动驾驶汽车被认为是汽车智能化发展的最高目标，是人工智能重要的应用领域。自动驾驶汽车，通过将现代传感技术、信息与通信技术、自动控制技术和人工智能技术等融为一体，对提升交通安全水平，实现节能减排，减轻交通拥堵，提高社会效率，拉动汽车、电子、通信、服务和社会管理等协同发展，促进汽车产业转型升级，具有重大战略意义。

四、娱乐生活应用

娱乐是人类追求快乐、缓解压力的方式,如看电影、旅游、玩电子游戏、跳舞、钓鱼等。随着互联网和移动互联网的快速发展,信息的传递形式已经从单一的文字图片转向了视频和直播。随着 5G 的到来,信息传输的容量、表现力和互动性都有了极大提升,这些技术的发展为人工智能技术的应用提供了肥沃的土壤。互联网已经使用户生成的内容变成了信息和娱乐的一种重要来源。例如,微信、微博和视频网站等信息发布和共享平台,成了社会互动和娱乐的渠道,可以让智能手机用户与同伴保持沟通,分享娱乐和信息资源。

技术的发展打破了空间的壁垒,以往人们必须实地参观的场馆也可以通过线上访问。例如,虚拟博物馆的出现极大地丰富了人们的学习体验(见图 1-8)。游客可以通过网络看到博物馆内的各式精选藏品,甚至体验感比线下参观更好。线上观赏文物可以实现 360°无死角,并且可以将细节放大,使游客看得更清楚。以影像为基础的高仿真虚拟环境展示技术,可以让游客在观看虚拟场景时,犹如身临其境般感受到真实的视觉效果。

人工智能技术也可以应用于纪录片展示过程中。广州纪录片研究展示中心是我国第一家致力于纪录片收藏、展示、研究、整理的公共文化机构。该中心由时光长廊、纪录片主题区、设备展示区、场景模拟区、虚拟纪录片博物馆、中心观影厅等区域组成,成为收藏纪录片的影像基地、传播纪录片的文化窗口和纪录片爱好者研究者的交流中心。其中的场景模拟区通过最新的投影技术、虚拟技术,超越空间的限制,营造虚实结合的感官对比;虚拟纪录片博物馆则通过三维模拟纪录片博物馆场景,在有限的空间内通过虚拟技术带给观众更多的纪录片主题展示,包括纪录片脉络梳理、大师作品赏析、纪录片拍摄设备展等内容。

图 1-8　虚拟博物馆展示平台

参考文献

[1] CAMPBELL L,CAMPBELL B,DICKINSON D. 多元智能教与学的策略:第 3 版 [M]. 霍力岩,沙莉,孙蔷蔷,等,校译. 北京:中国轻工业出版社,2015.

[2] KURZWEIL R. 奇点临近[M]. 李庆诚,董振华,田源,译. 北京:机械工业出版社,2011.

[3] 吴秀娟,张浩. 基于反思的深度学习实验研究[J]. 远程教育杂志,2015,33(4):67—74.

[4] 付珊珊. 基于 ARM 的智能家居管理终端的研究与实现[D]. 淮南:安徽理工大学,2014.

[5] 莫少林,宫斐. 人工智能应用概论[M]. 北京:中国人民大学出版社. 2020.

[6] 陈向东. 中国智能教育技术发展报告:2019—2020[M]. 北京:机械工业出版社. 2020.

[7] 余胜泉.人工智能＋教育蓝皮书[M].北京:北京师范大学出版社,2020.

[8] 中国电子技术标准化研究院.人工智能标准化白皮书:2018 版[R/OL].(2018-01-24)[2022-01-10].http://www.cesi.cn/201801/3545.html.

[9] 马费成.推进大数据、人工智能等信息技术与人文社会科学研究深度融合[N].光明日报,2018-07-29(6).

[10] 深圳市人工智能行业协会.2021 人工智能发展白皮书[R/OL].(2021-07-20)[2022-01-10].https://www.sgpjbg.com/baogao/45988.html.

[11] 吴香艳.物联网技术在智能家居系统设计中的应用[J].集成电路应用,2021,38(11):158—159.

[12] 赵朝.物联网智能家居发展探究[J].智能建筑与智慧城市,2021(10):129—130.

[13] 苏建凯,王逸欣.智能家居的物联网技术及其应用分析[J].科学技术创新,2021(25):89—90.

[14] 邹陆曦,孙玲.人工智能在医学教育中的应用现状及问题研究[J].卫生职业教育,2021,39(24):18—20.

[15] 杨超.物联网在博物馆藏品管理中的应用[N].中国文物报,2021-12-07(8).

[16] 晏茗.虚拟现实 AR 技术在智慧博物馆中的应用[J].电子技术,2021,50(9):194—195.

[17] 汪晓峰.打造信息化、智慧化的博物馆:以安徽中国徽州文化博物馆为例[J].文物鉴定与鉴赏,2021(17):126—128.

[18] 段正梁,刘桂兰.5G＋智慧文旅在博物馆中的应用研究[J].湖南包装,2021,36(4):69—72.

第二章
人工智能时代的教育

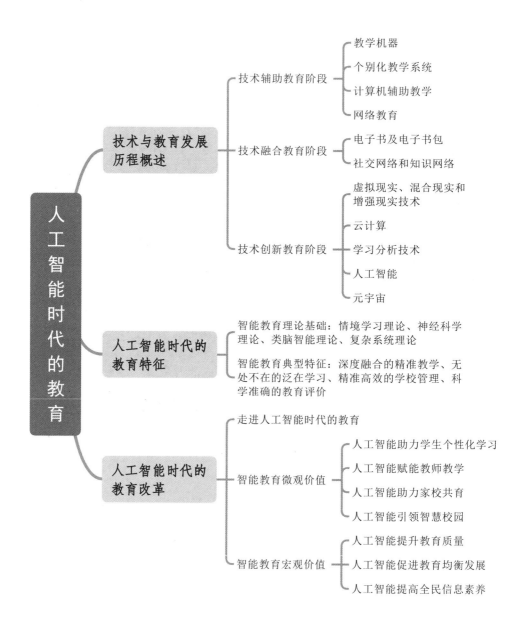

伴随着大数据、云计算等新技术的快速发展,人类正在加速进入人工智能时代。教育领域的工作者们也希望能够实现智能化教学、实现个性化自适应学习等。2019 年,习近平总书记在致国际人工智能与教育大会的贺信中指出:积极推动人工智能和教育深度融合,促进教育变革创新,充分发挥人工智能优势,加快发展伴随每个人一生的教育、平等面向每个人的教育、适合每个人的教育、更加开放灵活的教育。那么,人工智能技术会对教育领域产生什么样的影响呢? 人工智能时代的教育究竟是什么样子的呢? 下面,让我们一起来了解。

第一节　技术与教育发展历程概述

微课

知识链接

技术与教育的交相融合经历了一个漫长的过程,最早可以追溯到文字的出现。本节按照技术发展对教育产生的影响,将其划分为技术辅助教育阶段、技术融合教育阶段、技术创新教育阶段。①

---

① 胡钦太.回顾与展望:中国教育信息化发展的历程与未来[J].电化教育研究,2019,40(12):5—13.

一、技术辅助教育阶段

从 20 世纪中叶开始,以计算机为主要代表的多媒体网络教育系统逐渐投入建设和使用,教育发展进入信息化教学的新阶段。这一阶段技术对教育的影响主要集中在基础设施建设和信息环境建设上,当时的媒体技术主要包括多系统在内的多媒体技术和网络技术。信息技术只是作为辅助工具参与课堂教学,是教育活动的"边缘参与者"。

(一)教学机器

教学机器是一种呈现程序教材并控制学习行为的机器。1924 年,美国俄亥俄州立大学心理学家西德尼·莱维特·普莱西设计了第一台教学机器。该机器由四个部分组成:入口、出口、存储和控制。它能够向学生呈现教学内容,在学生学完相应的内容之后提出问题,还能检验学生对问题的回答是否正确,并可以根据学生的答题情况调整和改变教学程序。学生可以通过操作机器来回答相关的问题,同时机器也可以根据学生回答得正确与否,决定其是否能够进入下一个问题。[①]

1958 年,美国心理学家伯尔赫斯·弗雷德里克·斯金纳将操作性条件反射原理应用于教学,设计出了一款新的教学机器。这款教学机器通过一个屏幕窗口显示特定的教学内容。类似地,这种类型的机器也会向学生提问并展示正确答案。从一定意义上来讲,这种简单的教学机器已成为当今计算机辅助教学的先驱。

(二)个别化教学系统

个别化教学系统是一种注重学生个性化发展的教学系统。它允许学生在掌握学习内容的前提下按照自己的学习步调学习。1963 年,美国纽约市哥伦比亚大学心理学教授弗雷德·凯勒及其三位同事提出了个别化教学系统,又称凯勒方案。同年,该方案首次在纽约市哥伦比亚大学的短期实验室课程中使用,后来逐渐应用到世界各地数千所学校的教学中。

---

① 刘智,孔玺,王泰,等.人工智能时代机器辅助教学:能力向度及发展进路[J].开放教育研究,2021,27(3):54—62.

在 20 世纪 60 年代早期和中期,三种比较成熟的个别化教学系统开始在美国公立学校中使用,分别为 1964 年匹兹堡大学设计的个别指导教学(Individual Prescription Instruction,IPI)系统、1965 年威斯康星州研究与开发中心实施的个别指导教育(Individually Guided Education,IGE)系统以及 1967 年由美国研究所和华盛顿学习公司联合开发的"根据需要的开发程序(PLAN)"。其中,IPI 系统面向小学数学和阅读课程,根据测验对学生进行教育诊断,并以此为学生安排学习内容及个别指导;IGE 系统则允许学生按照各自的学习风格、学习基础、学习兴趣进行学习;PLAN 适用于一～十二年级的数学、语文和科学课程的个别化教学。

(三)计算机辅助教学

计算机辅助教学是指利用计算机传递教学信息,代替或帮助教师完成某些教学任务,向学生传递知识,帮助学生训练技能。1958 年,美国 IBM 公司设计了第一个计算机辅助教学系统。该系统将 IBM 650 计算机与电动打字机连接,可以给学生讲授二进制算法的相关知识,也可以根据学生的需要自动生成相应的练习题目。

1960 年,美国伊利诺伊大学开始了 PLATO 项目,该项目主要是研究和开发为教学过程提供帮助的计算机系统。其系统的基本教学方法是让学生回答计算机提出的问题,当学生回答时,只需要触摸系统感应屏的适当位置或者按下指定的键盘按键即可。

(四)网络教育

网络教育是基于网络通信技术的远程教育。随着计算机的广泛应用和网络技术的不断完善,资源的实时性和共享性不断提高,网络教育逐渐成为计算机网络在教育中的应用主流之一,网络大学也由此兴起。

1969 年,英国开放大学成立,该校实行学历教育与终身教育相结合的办学机制,在世界各地招生,并通过网络、电视广播等多种手段开展远程网络教育。该校也成了英国网络教育的杰出代表。

1976 年,阿波罗集团公司主席、英国剑桥大学经济史博士约翰·斯伯林创办了菲尼克斯大学。该大学是美国第一个提供网络教育的大学,其宗旨是集中培养社会职业领域实用的专业人才。

与国外的网络教育发展不同,我国网络教育的发展是由政府引导的,主要表现为:

1998 年 12 月,教育部发布的《面向 21 世纪教育振兴行动计划》中明确指出,实施"现代远程教育工程";1999 年 4 月,教育部批准清华大学、浙江大学、湖南大学、北京邮电大学四所高等院校开展远程教育试点工作。

二、技术融合教育阶段

技术融合教育阶段的定义主要立足于我国的教育变革,基于不同技术对教育产生的影响。进入 21 世纪以来,我国教育信息化建设取得了显著成效。所谓的教育信息化,是指在教育中广泛运用现代信息技术、开发教育资源、优化教育过程,以培养和提高学习能力、学生信息素养和促进教育现代化进程。在技术融合教育阶段,信息技术被整合到课程教学系统的几个要素中,成为教师的教学工具、学生的认知工具、重要教材媒介和主要教育媒体。

(一)电子书及电子书包

电子书通常有两种含义:一种是指文本、图片、声音和图像等内容的电子出版物;另一种是指用于阅读上述电子出版物的阅读器。电子书包是一个支持个人学习的信息环境集合,集成了教科书内容、电子教科书阅读器、虚拟学习工具和数字学习终端等。

1971 年,被誉为"电子书之父"的迈克尔·哈特将《美国独立宣言》改编成电子文件,创建了互联网上的第一本电子书,并启动了古登堡项目,以创建更多的电子版书籍。古登堡项目鼓励创造和发行电子书,并邀请志愿者将文化作品数字化和归档。

1999 年,新加坡德明政府中学的 163 名学生尝试了第一批电子书包。该设备重量不到 800 克,实际上是一个便携式电子阅读器。学生可以通过在电子书包中同时插入课本卡、作业卡和词典卡来实时阅读课本、完成作业和查找单词等。新加坡也因此成为第一个进入电子书包时代的国家。

(二)社交网络和知识网络

社交网络是一种基于互联网的应用程序,利用技术作为社会活动和合作的媒介,通过将用户个人数据与其他个人或团体的数据联系起来促进在线社交网络的发展。社交网络本质上是知识网络,体现了集体智慧,能够为学生和研究者提供分享知识的机会。

1971 年,美国麻省理工学院雷·汤姆林森博士为了分享研究成果,把一个可以在不同计算机网络间进行复制的软件和一个仅用于单机的通信软件进行了功能合并,命名为 SNDMSG。他随即使用这个软件在阿帕网上给另一台计算机发送了一封电子邮件,人类的第一封电子邮件由此诞生。

2001 年,吉米·威尔士和拉里·桑格共同创建的维基百科是一部基于互联网的免费百科全书。它是在全球志愿者的帮助下建立的,任何人都可以编辑维基百科中的文章。如今,维基百科几乎涵盖了所有知识领域。在维基百科中,通常可以根据主题找到需要的相关信息。

2004 年,马克·扎克伯格在哈佛大学学习期间与同学一起创建了 Facebook。作为一个社交网站,Facebook 是世界领先的照片分享网站。2006 年,杰克·多尔西等人创建了 Twitter,该网站允许用户以短信的形式发布他们的想法,现在它已经成为一个流行的社交网站。2009 年,新浪公司创建了新浪微博。与 Twitter 类似,该网络平台还支持用户在短时间内实时共享、传播和获取信息,是一种基于用户关系和关注机制的社交广播媒体。

三、技术创新教育阶段

随着各种新兴技术的层出不穷,虚拟现实、混合现实和增强现实技术的快速发展,云计算、大数据、学习分析和人工智能技术已逐步应用于教育领域,不断推进教育改革,为现代教育注入新理念。在这一阶段中,技术和教育形成"双向融合"的关系,包含实体空间和虚拟空间的融合,形成"技术无处不在而又难以察觉"的技术协同、技术沉浸、信息无缝流转的教育信息生态。[①]

(一)虚拟现实、混合现实和增强现实技术

虚拟现实技术是一种集计算机技术、电子信息技术和仿真技术于一体的实用技术,它主要利用计算机模拟产生虚拟环境,为用户创造环境沉浸感。这种环境也称为虚拟世

---

① 胡钦太,张晓梅.教育信息化 2.0 的内涵解读、思维模式和系统性变革[J].现代远程教育研究,2018(6):12—20.

界。混合现实技术是将真实场景信息进一步引入虚拟环境,提高用户体验的真实性,并在虚拟世界、现实世界和用户之间创建反馈信息的交互循环。增强现实技术是一种无缝集成现实世界信息和虚拟世界信息的技术,其目标是将虚拟世界置于现实世界中,并可以在屏幕上进行交互。这些技术是 20 世纪以来的新兴技术,可以用来创造虚拟学习空间。

1992 年,美国东卡罗来纳州立大学建立了一个虚拟现实与教育实验室,用来评估当时虚拟现实技术在软硬件方面的发展,调查虚拟现实技术对教育的影响,并将虚拟现实技术应用于教学的效果与其他媒体进行比较,来确认虚拟现实技术是否真正适用于教育领域。

2001 年,新西兰皇家科学院院士马克·毕林赫斯特等人发明了"魔法书"。这是增强现实技术在教育领域的首次应用。在"魔法书"中,实体书的内容被制作成相应的 3D 场景和动画,然后这些交互式数字内容覆盖在实体书中。读者只需戴上一副特殊的眼镜,就能看到虚实结合的场景。

2003 年 6 月,Lindent Lab 公司开发了一个基于互联网的虚拟多用户环境——第二人生。该虚拟环境具有一定的交互性,支持用户进行交互式学习,也由此被相关教育部门和教育机构作为教育平台来使用。许多大学利用第二人生教授课程或开展相关研究。例如,美国夏威夷大学的副教授埃斯特尔·科迪埃博士就曾利用第二人生监督过 500 多项医疗保健学习活动。

2008 年,佛罗里达大学工程与计算机学院、教育与人文学院的教师联合开发了一种混合现实教学实训系统——TeachlivE 实验室。该教学实训系统是一种虚拟课堂实验室,将人工智能和计算机动画相结合,通过模拟真实课堂教学场景,为实习教师创造教育实习条件,对实习教师教学水平和课堂组织管理能力的提高提供了帮助。截至 2014 年,该教学实训系统已应用于美国 540 所大学,超过 12 万名教师使用了该系统。

(二)云 计 算

云计算的概念是在 2006 年由谷歌时任首席执行官埃里克·施密特首次提出。它是指通过互联网的专门资源中心,使用户不受自身设备限制,以按需供给、便于扩展的方式使用户获得所需要的服务和工具资源的服务模式。

云计算资源具有灵活访问、支持在线协作和文件存储等优势,许多地区教育部门和学校将其用于资源存储、共享等。例如,2012 年,浙江省诸暨市教育局在 118 所学校安装了 6000 多台云终端计算设备,并开始部署和实施教育云项目,目标是有效促进城市教学、资源、研究和评估的发展,这是当时我国最大的教育云落地项目。

(三)学习分析技术

学习分析技术是数据挖掘、社会计算、可视化等分析技术在教育领域的综合应用。在网站的应用中,学习分析技术就是收集学生在在线学习活动中产生的交互信息,并使用各种方法和分析工具对数据进行全方位的解释。利用学习分析技术可以跟踪和记录学习环境和学习路径,通过数据分析总结学习规则,并执行预测学习结果,从而为学生提供指导和个性化的学习策略,有利于提高学生的学习效率。

2007 年,美国普渡大学推出了"信号项目",这是在高等教育中最早运用学习分析技术的项目之一。该项目从学习管理系统收集信息,为每个学生生成一个风险级别,并对风险级别高的学生采取干预措施,解决可能阻碍他们在课程中取得成功的短期问题。

2011 年,美国哈佛大学开发了一个云平台,用于分析和评估学生学习的有效性。该平台支持点对点教学,提供实时反馈和在线互动问答模式。除了师生问答机制以外,该平台还可以根据学生的反应分析出知识难点。教师还可以在该系统上根据学生的学习能力水平进行分组,并进行分组指导学习。

(四)人工智能

人工智能是研究和开发模拟人类智能的理论、方法、技术和应用系统的一门新的技术科学。自 20 世纪下半叶以来,它就引起了教育技术领域的关注。

1970 年,美国的卡博内尔开发了 SCHOLAR 系统,该系统被用于教授南美洲地理课程,被视为一种早期的智能教学系统,用于研究教学方法和策略以及学生的合理推理。1975 年,柯林斯等人基于 SCHOLAR 系统研制了教授学生探索降雨根源的 WHY 系统。

随着人工智能技术在教育领域的不断渗透,人工智能正与课堂教学、教师发展、区域治理、教育新基建等深度融合,推动教育从"数字化"向"数智化"转型。例如,在"因材施教"方面,通过利用人工智能技术构建智能学习环境,可以方便教师获取学生的过程性学习数据;运用科学的分析技术理解和系统分析学生的学习规律,构建综合素养评价体系,可以方便教师更好地了解学生的特点和个性差异,实现教学方法适配与优质资源共享,进而促进学生学习潜力的提升。又如,在"双减"实施方面,"双减"的核心是回归学校教学主阵地,人工智能技术与学校的教学场景、教研、教学管理深度融合,可以改变基础教育形态。学校依托物联网体系中的各类智能设备,采集校内外各类场景的综合数据,辅助实现"五育"并举,在学生良好习惯养成的基础上开展精准教学、启发式教学与探究式教学,促进学生多元智力养成与个性化成长。

(五)元宇宙

元宇宙是整合多种新技术而产生的新型虚实相融的互联网应用和社会形态,它基于扩展现实技术为用户提供沉浸式体验,基于数字孪生技术生成现实世界的镜像,基于区块链技术搭建经济体系,将虚拟世界与现实世界在经济系统、社交系统、身份系统上密切融合,并且允许每个用户进行内容生产和世界编辑。

教育元宇宙,作为元宇宙生态的重要版图,继承元宇宙"共享""持久"和"去中心化"的典型特征,可为师生创造沉浸式的教学互动场。当前,诸如第二人生的多用户虚拟现实系统,学生可以在虚拟环境中用新的身份与他人进行互动,形成社会关系网络,实现时间共享、空间共享、信息共享、交互共享等。从定义上来看,元宇宙的目标是打造一个与现实世界平行的巨大 3D 虚拟世界,形成一个可供持久学习、训练和娱乐的空间,即使在学生离开后,它也能继续运转工作。"去中心化"作为区块链技术的核心特征,要能够保障学生的信息安全。为保证元宇宙中的价值交换,未来需要跨链可操作性的庞大区块链网络。

元宇宙与不同学科的融合方式不同,下面以文科、理科的学习为例介绍融合方式的区别。在文科类课堂上,如语文、历史、英语等学科,元宇宙更多时候是为学生创设沉浸式体验的环境,调动学生的多种感官,激发学生的学习兴趣,让学生拥有"穿越"的能力。例如:与李白一起月下对酌,与苏轼一起把酒纵歌,以便更好地理解文本所传递的思想感情;看秦始皇统一六国,随张骞出使西域,从而身临其境地了解中华上下五千年的历史。在理科类课堂上,如物理、化学等学科,元宇宙更多时候是为学生提供一个受限较少的实验平台,让学生获得机会完成那些现实生活中难以完成或危险性较大的实验,帮助学生完整、准确地建构知识。

例如,在清华大学附属小学的英语课堂上,学生可以在专门开发的增强现实应用程序所创建的增强现实学习环境中观察太阳和地球。身临其境地观察课堂上原本无法观察到的现象,可以使学生的感官得到充分体验,同时其语言运用的积极性也被激发出来,还学到了天文科学知识,这是典型的跨学科融合课堂教学。又如,在海口西湖实验学校的物理课上,学生通过操控手中的平板,运用增强现实技术,观察到光的三基色变换现象,甚至还可以现场进行光的混合实验,其知识建构的准确性得到了增强。

第二节 人工智能时代的教育特征

微课

知识链接

技术的发展对教育产生了巨大的影响,人工智能时代的教育也会有明显区别于以往教育的特征。在了解人工智能时代的教育特征之前,有必要了解人工智能时代的教育所涉及的教育理论基础。随着互联网信息和数字资源的增加,以及知识的创造、获取、发布和使用方式的变化,教育理论也处于不断的发展变化过程中。本节主要对情境学习理论、神经科学理论、类脑智能理论和复杂系统理论等四种相关理论进行介绍,并简要介绍不同理论视角下的智能教育。

一、智能教育理论基础

(一)情境学习理论

情境学习理论由美国加利福尼亚大学的琼·莱夫教授和独立研究者艾蒂纳·温格在 1990 年前后提出,他们主张学习是一个社会性、实践性的过程,知识在这个过程中是由大家共同建构的,学习的最终目的是解决特定环境中的具体问题。莱夫和温格还提出了情境学习的三个核心的概念:实践共同体、合法的边缘性参与和学徒制。实践共同体也叫"实践社区",是指具有明确身份和明确社会边界的群体,这个群体里的成员清楚地了解个人在群体中的定位,并对他们参与的每个活动对群体目标的达成含义具有共同的理解。合法的边缘性参与涵盖的概念较多,首先"合法的"是指实践共同体中的各方都愿意接受新来的、还不够资格的人员成为共同体中的一员;"边缘性"是指学生开始只能围绕着重要的成员,做一些外围的工作,随着技能的不断增长,他们才会被允许做重要的工作,从而进入实践共同体的核心,学习是一个从边缘到核心不断提升的过程;"参与"则是指在实际的工作参与中学习知识,也就是在做中学,因为情境学习理论认为知识是存在于实践共同体的实践中,而不是书本中。[①] 学徒制,就是采用师傅带徒弟的方法进行学习,学生观察教师或者专家如何解决问题,然后尝试自己解决问题的过程。其实,苏格拉底的"产婆术"和杜威的"做中学"中也早已显现出了情境学习理论的影子。

情境学习理论特别强调为学生创设一个有利于其对所学知识内容进行意义建构的学习情境。信息技术,特别是虚拟现实、人工智能等技术的发展为创设自主探究的学习情境带来了更多的可能,利用技术为学生营造体验探究、社会交流和互动的学习环境比让学生进入真实的情境更为便捷。因此,在人工智能时代,我们应该努力构建一个师生之间引导启发、共同探索的学习环境,将真实生动的学习任务"嵌入"到学生的日常生活和社会活动中,使他们能够在基于现实生活的情境中应用知识、解决问题。

(二)神经科学理论

对于神经科学来讲,脑对信息的感知、处理和整合等加工的过程就是学习。从某种意义上来看,人在学习就等同于脑在学习。神经科学理论认为,学生的大脑是一个网络系统,脑内神经元自人出生起便建立了联系,构成了相互连通的网络系统,以随时应对外界环境的刺激,这也是学习的前期准备。随着人与环境的互动增强,新知识与新信息不断涌现,学生的经验不断丰富,大脑网络得到动态伸展、重塑、修饰和调整。

从神经科学和人工智能的关系上来讲,人工智能的许多进展都是根植于视觉神经科学和计算神经科学。英国计算神经科学创始人大卫·马尔研究了神经元群之间存储、处理、传递信息的相关计算原理,以及对学习与记忆、视觉相关环路进行计算建模,为计算神经科学领域作出了重大贡献;米沙·佐迪克斯等人通过构建神经元之间的突触计算模型,为神经网络信息传递奠定了计算基础。

美国心理学家安德鲁·梅尔佐夫认为,学习神经科学的建立为更好地探讨学习规律和学习机制提供了指导。比如,某次语文测验,两位学生都得了 40 分,仅从行为层面来看,成绩区别不大。但是从学习神经科学的角度来思考,一位学生可能是在语言理解上存在问题,另一位可能是在语言产生上存在困难。从这个意义上来讲,一方面学习神经科学的建立能帮助人们系统地研究不同情境下个体在不同阶段和不同领域的学习规律与学习机制。另一方面,只有深入地了解学习规律和学习机制,探讨学习优化的前提和

① 程志,陈晓辉."合法的边缘性参与"视角下的移动学习设计策略[J].中国电化教育,2011(8):39—43.

条件、学习困难的内在机制和原因,才能科学地促进教与学的过程。同时,建立学习神经科学也促进了学习科学共同体、学习科学群的形成与发展。因此,在人工智能时代,从神经科学的角度理解学习,对于充分发挥人工智能技术的优势、促进教育跨平台发展具有重要意义。

(三) 类脑智能理论

众所周知,人工智能的本质就是让计算机模拟人脑的智能行为,如信息处理、记忆、逻辑推理等。人工智能领域的一条重要发展路径是类脑智能。类脑智能是指使计算机的信息处理机制、认知行为和智力水平都与人类大脑相似。类脑智能研究的目的是通过对人脑神经结构的研究,探索如何以类脑的形式发展人类的认知能力和合作机制。类脑智能领域的科学家们认为,了解人脑的认知机制可以促进新一代算法和人工智能设备的研究,人工智能技术可以从脑科学和神经科学中得到借鉴。

类脑智能和脑科学密不可分。科学家们认为,脑科学领域的研究是突破人工智能领域技术壁垒的强大动力。在 2018 年中关村生命科学园发展论坛上,中国科学院学者张旭表示:人工智能将越来越多地与脑科学合作。脑科学与智能技术的融合对于新一代人工智能和脑智能项目的发展具有重要意义。这也是实现具有大脑和人类行为机制的新一代人工智能系统的重要保证。

“脑计划”的研究一个接一个地展开。2007 年,第一届国际类脑智能研讨会在德国举行;2013 年,美国启动了“BRAIN 计划”,该计划试图描绘人类大脑神经活动的准确而详细的地图;2014 年,日本启动的大脑计划从灵长类动物开始,研究人类神经机制的缺陷,为人类疾病的治疗提供基础;2016 年,澳大利亚大脑联盟从健康、医疗和新产业的角度对大脑和机制行为进行了研究;2017 年,脑科学和脑型研究被纳入我国新一代人工智能发展计划的重点研究计划。

许多学校和企业也以“脑计划”为载体,对人脑项目进行了实践研究。2011 年,谷歌的大脑项目在识别大脑中的图像方面取得了新的突破,如通过深度神经网络处理信息。2014 年,高通公司开发了嵌入式神经网络处理器,该处理器通过学习移动应用程序在促进机器学习和行为方面发挥了一定作用。微软、IBM、苹果等多家公司和机构也进行了相关研究。麻省理工学院、洛桑联邦理工学院、中国科学院、清华大学、北京大学、上海交通大学和厦门大学也设立了相应的大脑研究中心。

（四）复杂系统理论

复杂系统理论描述了 21 世纪科学研究的广阔前景，也为智能教育的研究提供了新的视角和突破理论本身局限性的可能性。例如，使用复杂科学解释机器学习识别模式，模式生成的基本假设将影响机器学习方法的使用。虚拟现实、机器人和 3D 打印技术使数据转换、存储和处理在数字世界与现实世界的转换得以实现，促进了教育的转型升级，形成了一个更加复杂的数字化、智能化、一体化的新型教育生态系统。

人工智能时代的教育是一个复杂的系统，必须利用科学的复杂性来解决智能教育系统的复杂性问题。智能教育系统的复杂性主要体现在三个方面：教育系统规模和要素的复杂性、教育技术系统层次的复杂性、合理性和非合理性的复杂性。

二、智能教育典型特征

2019 年 5 月，在国际人工智能与教育大会上，联合国教科文组织"教育的未来"国际委员会成员、著名经济学家林毅夫强调：面对第四次工业革命，人工智能和数字革命将为每个国家和社会提供许多新机遇，年轻人必须抓住新机遇，教育内容也必须有针对性。

目前，随着人工智能、大数据、区块链等新一代信息技术的发展和应用，知识的获取方式和教学形式发生了深刻的变化。那么，在人工智能时代，教育将发生什么样的变化？未来教育的特征是什么？

从生态学的角度来看，智能教育是一种以技术为驱动的和谐教育信息生态，其主要特征可以概括为：深度融合的精准教学、无处不在的泛在学习、精准高效的学校管理和科学准确的教育评价。

（一）深度融合的精准教学

人工智能技术以其智能化的属性优势在三个方面为精准教学提供支持：智能数据采集、智能数据分析和智能学习适配。智能数据采集是指利用图像识别和语音识别等技术收集学生学习行为的数据。智能数据分析是指通过自然语言处理技术和 SMART 算法，对采集到的数据进行深度提取、行为建模和智能分析，形成个性化的个人成长报告。智能学习适配是指结合自适应学习分析技术,为每个学生的数千张画像制订了数以万计的学习计划(如设定学习目标、学习路径、学习内容等)。

与此同时,可视化技术也为精准教学提供了支持,可视化技术具有直观性、相关性、艺术性和交互性等特点,为教师在教学过程中进行数据处理带来了方便。例如,教师在获取和分析学生学习行为数据后,借助智能可视化工具自动生成散射图、气泡图和雷达图。通过将数据转换为可视化图形,如矩形、树形图,教师能更好地找到数据之间的相关性,便于教师从视觉图表中发现教与学的隐藏问题,及时作出决策(见图2-1)。

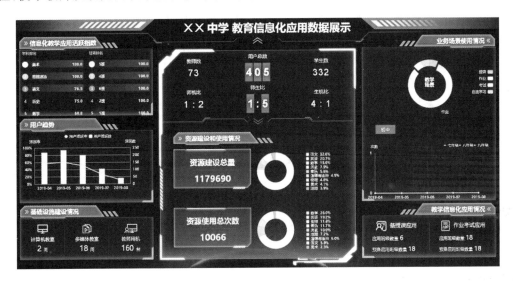

图 2-1 ××中学大数据精准分析系统

例如,浙江省丽水市以实施精准教学的实际应用为指导,以推进教育治理体系的现代化、实现教育均衡发展、提高教育质量为目标,建立精准教育支持服务体系,实施"建设为用"的思路。目前,丽水市已初步形成具有特色的区域精准教学体系,网络学习空间"人人通"的大规模应用,已形成线上线下相结合的教育科研新模式。[①]

(二)无处不在的泛在学习

泛在学习又名无缝学习、无处不在的学习,是指每时每刻的沟通、无处不在的学习,是一种任何人可以在任何地方、任何时刻获取所需的任何信息的方式。泛在学习的广泛发展需要基于人工智能时代的技术手段,如物联网、教育云、大数据、人工智能、区块链

---

① 郭利明,杨现民,张瑶. 大数据时代精准教学的新发展与价值取向分析[J]. 电化教育研究,2019(10):76—81.

等。泛在学习具有以下特点:学习成果的永久保存、学习材料的获取便捷、与教师和同伴的互动多、个性化学习、实时访问信息系统等。

随着人工智能时代的到来,泛在学习不断利用现代信息技术推动教学的改革与发展,而技术的发展也促进了泛在学习的普及。物联网的智能控制允许远程感知和控制所有对象,它可以对泛在学习过程中的各个要素进行跟踪和控制,为泛在学习提供保障。教育云平台为学生、教师、学校管理者、教育管理者提供了进行学习、教学、管理、培训等一系列活动的空间,能够更好地支持学生的泛在学习需求。同样,大数据技术通过其大容量、高速度、多样性的特点,在泛在学习中发挥了重要作用。

(三)精准高效的学校管理

人工智能等技术能帮助学校管理者更加精准高效地管理学校,如学校管理者可以充分利用人工智能技术与大数据技术对教师教学、学生学习的各项数据进行采集和分析,以更加深入地了解教师的教学情况和学生的学习情况,并对薄弱项制订针对性的管理措施。

案例 2-1

"数字画像"数据决策系统

浙江理工大学自主开发了"数字画像"数据决策系统,该系统开发了"智慧教学"和"课程思政"两大模块,依据学生学习过程中的数字记录和痕迹,通过分析海量信息,及时、真实地反映学生的精神需要和思想倾向,将学生抽象思想意识层面的内容转为可视化数据呈现,通过数据挖掘描绘出学生学习整体发展规律和个体发展差异,强化课程管理的价值引领。另外,该系统还利用数据分析建立信用评价体系,即借助大数据技术,将积累的学生签到、旷课、违纪、成绩、志愿服务等影响因子,作为学生信用评价体系的重要指标,在学生评奖评优、资助管理、党员发展等方面起到关键作用,以数字化标杆来引导学生按照教育管理工作既定方向去努力和发展。目前,该系统已建立了网络舆情分析、失联预警、一卡通消费异常预警、网络沉迷预警、学业预警、休学退学等异常情况比对模块,在快速、及时解决学生突发事件过程中发挥了至关重要的作用。

（四）科学准确的教育评价

基于大数据的教育评价,可以结合学生的历史数据,如作业测试结果、学习风格、个性特征、兴趣等,通过物联网技术,运用大数据挖掘技术和智能决策可视化技术,建立学生认知发展、学业发展和社会发展的计算模型,建立一系列决策预警分析模型,根据不同的区域和群体特征建立不同的学习特征模型。这些模型不仅可以描述学生当前的发展状况,展示学生在一定时期内各个方面的发展状况,还可以模拟学生未来的发展状况,以便教师采取有效措施;可以自动记录和存储学生学习过程,进行智能诊断和自动及时反馈;可以进行大规模、标准化和个性化的分析,不仅可以为个人提供有针对性的学习过程报告,提出有针对性的建议,帮助实现个性化学习,还支持科学管理和决策,尽快发现区域性和群体性问题,通过模拟演绎,预测未来发展情况,帮助教育管理者作出科学决策,进而提高教育质量。

第三节　人工智能时代的教育改革

一、走进人工智能时代的教育

知识链接

2017 年,国务院印发的《新一代人工智能发展规划》中提出:利用智能技术加快推动人才培养模式、教学方法改革,构建包含智能学习、交互式学习的新型教育体系。开展智能校园建设,推动人工智能在教学、管理、资源建设等全流程应用。开发立体综合教学场、基于大数据智能的在线学习教育平台。开发智能教育助理,建立智能、快速、全面的教育分析系统。建立以学生为中心的教育环境,提供精准推送的教育服务,实现日常教育和终身教育定制化。

人工智能已经引发了诸多领域与行业的深刻变革,教育领域必然也不能脱离其中。

（1）在人工智能的影响下,人类知识生产加速变化,知识增量呈现指数级态势。教育的传承性发展将不再局限于知识的传授与继承,而是强调知识创造与创新,人工智能的介入更是催生了新的知识生产方式。其一,人工智能强大的知识发现能力缩短了知识生产周期。随着深度学习、强化学习等新的机器学习算法的发展,人工智能除了可以加快知识的生产、访问和利用,还可以从数据中提取隐含的、未知的、潜在的、有用的信息,从而扩展知识创造的范围。其二,人机协同的智能模式扩大了知识创造的机会与可能性。人工智能技术不仅可以促进人的群智协同创新,而且可以实现人类与人工智能代理协同,后者所具有的超强计算能力,可以加快知识生产速度,催生知识的众创,以及人机协同知识创新。人工智能催生的新的知识生产方式对教育的挑战是,教育的目的不再仅是传承知识,更是创新知识。未来学校教育必须教会学生如何与人工智能协同合作,呵护学生"能学",以及高度重视对学生辨析知识能力的培养,召唤学生"会学",促进学生在人机交互中实现知识的更新与创造。

(2)人工智能技术在教育中的应用会给教育带来影响。首先,人工智能技术给个性化学习创造了可能。人工智能构建的智慧学习环境不仅创造了灵活的学习空间,而且能感知学习情境、识别学生特征,为学生个性化学习提供了支持。其次,人工智能技术带来标准化教育下的适应性可能。人工智能通过动态学习诊断、反馈与资源推荐的自适应学习机制,可以适应学生动态变化的学习需求,从而打破标准化的教育限制,释放出学生的创造力与活力。最后,人工智能改善结构化的授导方式,释放教师的创造力与教学活力而专注于人性化的学习设计。教师烦琐重复性的工作能够被智能机器所替代,智能分析技术能为教师精准定位学生的学习问题与需求,教师的角色将转向更加优秀的学习设计师,教师将专注于"如何让学生学好",注重培养学生的能力和思维,将更多的时间用于学习活动设计,以及与学生的个性化互动交流。

人工智能的发展及其与教育教学的深度融合,给教育的改革创新带来了更多选择。教育既要发挥技术的赋能、增能、使能优势以满足教育的功用性追求,也要坚守教育的育人初心和使命,传递人文性价值,以学生的成长发展为前提探索教育教学新方式。

二、智能教育微观价值

智能教育的微观价值包括人工智能与教育融合对学生、教师、家庭和学校的价值。

（一）人工智能助力学生个性化学习

人工智能可以有效支持学生进行自主学习、探究和协作学习，人工智能也为从统一步调、统一方式、统一评价的集体学习向个性化学习转变提供了技术支持。现在，一些学校和校外的辅导机构已经利用人工智能技术帮助学生根据其需求选择学习地点、学习资源和学习方式，甚至可以选择适合的教师。人工智能可以为每个学生"画像"，记录学生的学习计划和成长轨迹，识别学生的优点、弱点和学习偏好。人工智能还可以帮助教师梳理辅导学生的经验，包括资源遴选和路径选择等，以实现个性化学习的规模化效应。

在知识爆炸的人工智能时代，学生最缺乏的是主动建构知识、实现创造性学习的能力。智能教育的出现将大大减轻学生掌握程序性知识的压力，学生将有更多的时间提升自身可持续性发展的能力。在人工智能时代，复合型人才能更好地适应未来智能社会发展的需要。

（二）人工智能赋能教师教学

在传统教育中，复杂的、重复性工作占用了教师大量的时间，人工智能时代的教育改变了传统的教师工作方式。在人工智能时代，作业批改、学习情况分析、教学资源挖掘都可以交付给人工智能，教师将有更多的时间和精力致力于价值判断、情感关怀和思想引导。教师和虚拟教学助理并行工作的模式将是比较典型的做法，即虚拟教学助理可以帮助教师完成一些机械性、重复性工作，如客观性作业批改、简单的测试、寻找教学资源等。人工智能在一定程度上将教师从烦琐的教学行为中解放出来，让其有更多时间和精力放在教学能力提升、学生个性化培养等方面。

人工智能赋能教学教师存在以下四个境界：教师学会基本的人工智能知识和原理，能判断哪些资源和工具使用了真正的人工智能；教师学会利用人工智能来学习，既提升教师的学科能力，也提升教学能力；教师尝试利用人工智能开展教学，以发现人工智能对于教育教学的"实际"作用；教师能将人工智能用于学习和教学的经验传递给其他教师。

（三）人工智能助力家校共育

人工智能助力家庭教育主要有两种模式：儿童教育机器人和人工智能教育系统家长端。

儿童教育机器人进入家庭主要是为了在对话中监控儿童的成长和发展。一方面,基于人工智能技术的儿童教育机器人可以根据儿童的发展阶段提供必要的智能对话、趣味互动、协作游戏、同声传译等,让儿童在成长过程中随时都能得到热情的陪伴。另一方面,将儿童教育机器人引入家庭教育,可以让其帮助家长辅导孩子做作业,从而让家长有更多的时间和精力照顾孩子的身心发展。

从学校教育的角度来看,人工智能技术确实在一定程度上消除了学生与家长之间的情感隔离。借助人工智能教育系统的家长端,家长可以更全面地了解孩子的学习动态、思想趋势和行为习惯,促进家长与孩子之间的有效沟通。例如,现在不少人工智能教育系统在数据统计和数据显示方面展现出强大的优势,可能会吸引家长积极关注其子女的学校生活,有利于提高家长对家庭教育的重视,帮助家长了解孩子真正的学习需要。

(四)人工智能引领智慧校园

智慧校园是数字校园的进一步发展和提升,是教育信息化的更高级形态,其通过物理空间和信息空间的有机衔接,使任何人、任何时间、任何地点都能便捷地获取资源和服务,通常包括:智慧教学环境、智慧教学资源、智慧校园管理、智慧校园服务四大板块。2017年,《新一代人工智能发展规划》的颁布给智慧校园建设指明了新方向。未来教育需要构建基于人工智能技术的全新数据生态,从而开创教育信息化新样态,助力教育质量的整体提升。2018年,国家标准《智慧校园总体框架》(GB/T 36342—2018)进一步对什么是智慧校园、如何建设智慧校园做了进一步的规定。由此可见,智慧校园必然是未来学校的发展形态,而人工智能为智慧校园的建设提供了技术支持。

三、智能教育宏观价值

智能教育的宏观价值体现在:人工智能通过与教育融合可以提升教育质量、促进教育均衡发展、提高全民信息素养。

(一)人工智能提升教育质量

教育质量是衡量教育效果的尺度,是多种教育因素对教育对象影响的总和,而人工智能是促进教育高质量发展的有效手段。人工智能可以在课堂教学、教育评价、教育管理等方面,助力教育高质量发展。在课堂教学方面,可以普及新技术条件下的混合式教学、合作式教学、体验式教学、探究式教学等新型教学方式,扩大优质资源覆盖面,开发基于大数据的智能诊断、资源推送和学习辅导等应用,促进学生个性化发展。在教育评价方面,利用人工智能技术可以全面记录学生的学习实践经历,客观分析学生能力,转变只以考试成绩为唯一标准的学生评价模式。在教育管理方面,可以利用人工智能技术开发自动化办事应用,创新管理服务模式。

(二)人工智能促进教育均衡发展

2019 年,习近平总书记在致国际人工智能与教育大会的贺信中指出,人工智能是引领新一轮科技革命和产业变革的重要驱动力,正深刻改变着人们的生产、生活、学习方式,推动人类社会迎来人机协同、跨界融合、共创分享的智能时代。中国高度重视人工智能对教育的深刻影响,积极推动人工智能和教育深度融合,促进教育变革创新,充分发挥人工智能优势,加快发展伴随每个人一生的教育、平等面向每个人的教育、适合每个人的教育、更加开放灵活的教育。人工智能技术的发展为将所有有价值的知识传授给所有人提供了可能。随着国家数字教育资源公共服务体系的建立,以及“三通两平台”的建设,通过互联网、人工智能等技术整合,把优质的教育资源,迅速、高效、低成本地辐射到边远贫困地区,缩小因地域、经济差异而导致的教育资源不均衡已成为现实。未来,随着人工智能的发展,以及其与教育的进一步融合,人工智能促进教育均衡发展的形式将进一步得到丰富,帮助每一个人获得更加优质均衡的教育将成为现实。

(三)人工智能提高全民信息素养

信息素养是建立在信息技术基础上的一个多元化、有层次的概念范畴,是集信息技术知识与技能、信息观念与意识、信息伦理与道德、利用信息技术解决问题的思维与创新技能于一身的综合素养,其内涵具有动态性和发展性。在人工智能视域下,面对人、现实世界、智能机器、虚拟世界构成的四元世界,信息素养应以人工智能素养为核心,是人机共存且虚实并行的知识、能力、素养和人格等全方位的综合素养。

参考文献

[1] 陈向东.中国智能教育技术发展报告:2019—2020[M].北京:机械工业出版社.2020.

[2] 巴特罗,费希尔,莱纳.受教育的脑:神经教育学的诞生[M].周加仙,等,译.北京:教育科学出版社,2011.

[3] 经济合作与发展组织.理解脑:新的学习科学的诞生[M].周加仙,等,译.北京:教育科学出版社,2010.

[4] 曹晓明."智能＋"校园:教育信息化 2.0 视域下的学校发展新样态[J].远程教育杂志,2018,36(4):57—68.

[5] 曹晓明,张永和,潘萌,等.人工智能视域下的学习参与度识别方法研究:基于一项多模态数据融合的深度学习实验分析[J].远程教育杂志,2019,37(1):32—44.

[6] 曹彦杰.虚拟现实技术在美国教师教育中的应用研究:以中佛罗里达大学为例[J].比较教育研究,2017,39(6):93—102.

[7] 王丽莉,孙宝芝.互联网＋时代背景下网络教育发展新趋势:"2015 国际远程教育发展论坛"综述[J].中国远程教育,2015(12):12—17.

[8] 付达杰,唐琳.基于大数据的精准教学模式探究[J].现代教育技术,2017,27(7):12—18.

[9] 李海峰,王炜.元宇宙＋教育:未来虚实融生的教育发展新样态[J].现代远距离教育,2022(1):47—56.

[10] 贾积有.人工智能赋能教育与学习[J].远程教育杂志,2018,36(1):39—47.

[11] 兰国帅,郭倩,魏家财,等.5G＋智能技术:构筑"智能＋"时代的智能教育新生态系统[J].远程教育杂志,2019,37(3):3—16.

[12] 李俊杰,张建飞,胡杰,等.基于自适应题库的智能个性化语言学习平台的设计与应用[J].现代教育技术,2018,28(10):5—11.

[13] 汪时冲,方海光,张鸽,等.人工智能教育机器人支持下的新型"双师课堂"研究:兼论"人机协同"教学设计与未来展望[J].远程教育杂志,2019,37(2):25—32.

[14] 王亚鹏,董奇.基于脑的教育:神经科学研究对教育的启示[J].教育研究,2010,31

(11):42—46.

[15] 王竹立.技术是如何改变教育的?:兼论人工智能对教育的影响[J].电化教育研究,2018,39(4):5—11.

[16] 于泽元,邹静华.人工智能视野下的教学重构[J].现代远程教育研究,2019,31(4):37—46.

[17] 余胜泉.人工智能教师的未来角色[J].开放教育研究,2018,24(1):16—28.

[18] 张慧,黄荣怀,李冀红,等.规划人工智能时代的教育:引领与跨越:解读国际人工智能与教育大会成果文件《北京共识》[J].现代远程教育研究,2019,31(3):3—11.

[19] 郑勤华,熊潞颖,胡丹妮.任重道远:人工智能教育应用的困境与突破[J].开放教育研究,2019,25(4):10—17.

第三章
人工智能时代的学校

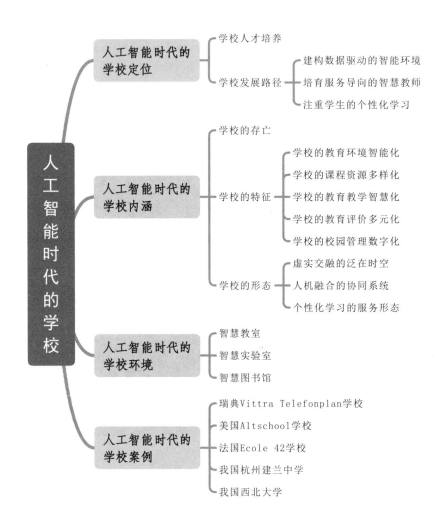

人工智能时代的学校定位
- 学校人才培养
- 学校发展路径
  - 建构数据驱动的智能环境
  - 培育服务导向的智慧教师
  - 注重学生的个性化学习

人工智能时代的学校内涵
- 学校的存亡
- 学校的特征
  - 学校的教育环境智能化
  - 学校的课程资源多样化
  - 学校的教育教学智慧化
  - 学校的教育评价多元化
  - 学校的校园管理数字化
- 学校的形态
  - 虚实交融的泛在时空
  - 人机融合的协同系统
  - 个性化学习的服务形态

人工智能时代的学校环境
- 智慧教室
- 智慧实验室
- 智慧图书馆

人工智能时代的学校案例
- 瑞典Vittra Telefonplan学校
- 美国Altschool学校
- 法国Ecole 42学校
- 我国杭州建兰中学
- 我国西北大学

人工智能时代的学校

在人工智能技术快速发展及其与教育深度融合的背景下,学校教育的教学理念、教学目标、教学形式和教学内容都在发生变化,如何培养学生的 21 世纪核心素养已逐渐成为世界各国教育共同关注的话题。人工智能赋能学校已经表现出强大的潜力,人工智能在教育领域的应用给学校在教学空间、教学内容和教学方式等方面带来巨大改变。那么,人工智能时代的学校应该培养什么样的人?学校具有什么新特征?学校又应如何建设?目前又有哪些典型案例?这些都值得我们去思考与探索。本章将详细介绍人工智能时代的学校定位、学校内涵和学校环境,并介绍一些相关案例。

第一节 人工智能时代的学校定位

微课

知识链接

2019 年,习近平总书记在中央人才工作会议上强调,深入实施新时代人才强国战略,加快建设世界重要人才中心和创新高地。我们必须增强忧患意识,更加重视人才自主培养,加快建立人才资源竞争优势。对此,学校肩负着非凡责任与使命。未来学校建设要从时代需求出发,借助人工智能等新技术,开展智慧教育,为学生提供精准匹配的学习资源,利用智能化、精准化、个性化等教育形式,实现培养最佳智慧型人才和最优教学管理的学校形态,最终实现教育均衡化、培养智慧化、教学个性化的目标。[1] 未来,学校建设的核心任务是将人工智能等新技术与教育改革的核心目标相结合,真正建立以学生为中心

[1] 裴祉鉴. 智慧教育视域下学校建设的目标、特征与实践[J]. 教学与管理,2021(24):45—47.

的人才培养模式。

一、学校人才培养

如何培养学生 21 世纪核心素养已成为世界各国教育所共同关注主题。经济合作与发展组织教育发展顾问安德烈亚斯·施莱歇尔指出:21 世纪的学生需要习得的核心素养涵盖了知识、技能和个人品质,具体内容包括创造力、批判性思维、问题有效解决、创新、协作、数据信息搜集与人际沟通等各个方面的核心能力。在当前新形势下,各个国家和政府都开始重新审视人才培养发展目标,对学生所需的核心素养作出了明确的指示。

2002 年,美国教育部连同苹果、思科、戴尔、微软、全美教育协会等有影响力的私有企业和民间研究机构,成立"21 世纪技能伙伴协会",简称"P21"。该协会主要系统研制适应信息时代和知识经济所需要的"21 世纪技能",这样界定"21 世纪技能":远超出基本的读、写、算技能,主要目的在于如何将知识和技能应用于现代生活情境。同时,该协会将"21 世纪技能"进行整合,制定了"21 世纪技能框架",该框架由"核心学科与 21 世纪主题"和"21 世纪技能"两部分构成。前者侧重知识,后者侧重技能,二者相互依赖,彼此交融。学习、信息和生活技能,唯有与核心学科知识建立联系的时候,才能产生意义。反之,核心学科知识唯有通过技能获得的时候,才能被深入理解。"21 世纪技能"包括三类技能,它们之间相互联系,具体而言:①学习与创新技能,包含"创造性与创新""批判性思维与问题解决""交往与协作"三种技能;②信息、媒介和技术技能,包含"信息素养""媒介素养""信息通信技术素养"三种技能;③生活与生涯技能,包含"灵活性与适应性""首创精神与自我导向""社会与跨文化技能""生产性与责任制""领导力与责任心"五种技能。

2006 年,欧洲议会和欧盟教育理事会通过的《终身学习的关键能力:欧洲参照框架》报告指出:基础教育阶段需要重点培养学生的能力主要包括母语交流能力、外语交流能力、数学能力和科学技术基本应用能力、数字化学习能力、学会学习能力、社会和公民能力、首创精神和创业能力、文化意识和语言表达能力等八种,并已作为教育的核心。[①]

2014 年,新加坡教育部发布的《新加坡学生 21 世纪技能和目标框架》中将核心技能

---

① 王素,曹培杰,康建朝,等. 中国未来学校白皮书[R]. 北京:中国教育科学研究院未来学校实验室,2016:2—3.

分为三个层次。第一个层次是居于中心位置的价值观。价值观是知识和技能的基础,决定一个人的性格特点,塑造一个人的信仰、态度和行为。第二个层次是居于中间环节的社交和情感技能,它帮助学生识别和管理情绪、学习关心他人、作出负责任的决定、建立积极的人际关系,以及有效处理各种挑战。第三个层次是居于外环的全球化技能,包括公民素养、全球化意识和跨文化技能、批判性和创新性思维、沟通与合作能力、信息技能。

2016 年,《中国学生发展核心素养》研究成果发布,该成果是教育部委托北京师范大学,联合国内高校近百位专家成立课题组,历时 3 年完成的。《中国学生发展核心素养》中指出:中国学生发展核心素养,以培养全面发展的人为核心,分为文化基础、自主发展、社会参与三个方面,综合表现为人文底蕴、科学精神、学会学习、健康生活、责任担当、实践创新六大素养,涵盖了理性思维、批判质疑、勇于探究、信息意识、国家认同、国际理解、问题解决等 18 个基本要点。

2020 年,世界经济论坛发布的《未来学校:为第四次工业革命定义新的教育模式》报告中提出,"教育 4.0"要求学生为未来社会经济生产作贡献并对未来社会负责,这需要学生在学习内容转变上具备四个关键特征:全球公民技能、创新创造技能、技术技能和人际关系技能。以上这些关键特征能够构建和提高学生的基本技能,对解决新工业革命时代未来社会的需求至关重要。向"教育 4.0"过渡不仅需要合适的学习机制、学习技术,还需要学习经验的转变。学习经验和学习内容的转变并不相互排斥,学习经验转变有四个关键特征:①个性化和自定进度的学习;②可及性和包容性学习;③基于问题和协作的学习;④终身学习和学生自驱动的学习。[①] 在新一轮科技与工业革命的大背景下,世界各国关于 21 世纪核心素养的广泛共识已经充分表明:全球教育变革势在必行,学校教育将迈入一个面向未来的全新时代。

经济合作与发展组织发布的《2019 年就业展望报告》中指出,在未来 15～20 年里有 14% 的工作岗位面临着完全被自动化技术替代的风险,32% 的工作岗位可能在未来几年发生重大变化。根据世界经济论坛发布的报告显示,近年来,数据经济分析师、数据科学家、人工智能、工业机器人等领域人才大量涌现。随着经济社会的发展,社会对人才的专业技能结构及需求逐渐发生变化,新兴的职业工作岗位对人才的要求往往不同于一些传统职业,很多职场从业人士需要花费更多的时间和精力来提升自身职业技能,这就要求

① 王永固,许家奇,丁继红. 教育 4.0 全球框架:未来学校教育与模式转变:世界经济论坛《未来学校:为四次工业革命定义新的教育模式》之报告解读[J]. 远程教育杂志,2020,38(3):3—14.

学校在制定人才培养目标时,重点关注学生未来生存与工作所需的技能。

学校人才培养模式迫切需要转型,以满足社会经济发展对人才的需求。工业时代的学校以知识讲授为主,强调对学生记忆力的培养和被动学习能力的提升,显然这已不能适应当前瞬息万变的社会。内容结构的转变需要变革相应的学习方式,比如开展个性化和自定进度的学习、可及性和包容性学习、基于问题和协作的学习、终身学习和学生自驱动学习。借助人工智能技术发展的学校对改善学习,助力以上学习方式的开展有得天独厚的优势。

二、学校发展路径

(一)建构数据驱动的智能环境

人工智能时代的学校在对内对外活动中将更加开放、民主、科学,学校能够构建起基于政府、学校、社会与社区之间的新型治理关系。[①] 未来学校将会采用基于庞大数据应用驱动的智能管理模式,实现智能学校的有效开放。线上和线下多渠道参与路径,群智群策的有效互动,信息爆炸所带来的数据叠加,数据驱动的智能环境,为学校的智能管理提供了新的发展机遇。智能学校的特征包括智能化的网络教育资源、智能化的教育工具和智能化的教学测评管理手段等,其"智能化"是完全建立在庞大且深厚的教育数据采集、整合与分析能力基础之上的。

具体而言,可以从以下几个方面开始建立数据驱动的校园智能环境:第一,增加信息和通信技术的智能终端,扩大数据收集渠道,丰富基础数据的收集;第二,使用区块链、云计算、大数据等新兴技术对收集到的数据进行传输和智能化处理;第三,利用5G等移动通信技术,将数据分析结果传递给个人终端和管理者。在建立智能校园环境的过程中,可以架构智能机器人、图像识别系统、摄像头、智能手环、移动终端等多种数据收集系统,增加平板电脑、智能屏幕等数据传输终端,并通过高速通信设备的铺设,为智能技术的应用打下坚实的基础。[②]

---

① 傅蝶.人工智能时代学校教育何去何从[J].现代教育管理,2019(5):52—57.
② 刘建,李帛芊.人工智能助力学校治理现代化:价值、内容与策略[J].中国教育学刊,2021(4):12—16.

（二）培育服务导向的智慧教师

在人工智能时代,学生的学习方式发生了翻天覆地的变化。近年来,基于信息技术或智能技术的精准教学受到越来越多研究者及一线教师的关注,逐步开启了趋向于精准教学的时代。教学中的各类数据被采集至大数据平台中,并通过大数据分析后得到可视化数据图,使学校管理者和教师更直观地看到学校管理和课堂教学中存在的问题,进而采取更有针对性的措施。不难预见,在未来的教育环境中,人与机器需要共存,教师与学生之间的教和学很多时候需要通过机器作为媒介进行交互。学校作为一个特殊的社会环境场所,更具开展精准教学的优势,它拥有大量的学生群体,同时也有丰富的教育数据,能更好地利用数据驱动创新教学,而在这个过程中,教师是最为关键的因素。

也正因为如此,未来学校教育对教师提出了更高的要求。

教师需要突破传统的知识讲授者的角色,转型智慧教师。智慧教师既应是良好的课堂设计者,又应是精准的数据分析师,还应是耐心的教学辅导师及公正的教学评估师。在人工智能时代,一个智慧教师自然不会孤军奋战:他会借助各种工具,利用强大的数据网络,能动地发挥协调与沟通能力,与其他教师一起,组成优质的智慧教师团队;他会在个性化的辅导、深度化的教学中,与学生建立互助互信的友好关系,给予学生指导,帮助学生树立切实可行的目标,激发学生的学习兴趣,培养其正确的学习动机,并适时给学生提供有效的反馈与评价。总而言之,智慧教师应以服务学生为导向,以数据创新教学方法,培养能够适应人工智能时代的复合型人才。

（三）注重学生的个性化学习

传统的大班制教学无法关注学生的个性化问题,很多时候都是"满堂灌"和"填鸭式"教学,以理论知识讲授为主,轻视技能实践,在这种情况下,学生的自由发挥和独立思考的机会很少,这是制约其发展的重要因素。随着教育理念的不断创新和信息技术的快速发展,学生个性化学习也是越来越受到关注。个性化学习在人工智能教育领域里也是一个被频繁提及的热词,已被视为影响未来学校应用技术发展的挑战之一。个性化学习主要围绕学生个体的心智水平、学习兴趣、行为动机、学业差异、家庭背景展开调研,根据得到的数据制订方案,找到适宜每个个体的教学方式,为其提供多样化且多效度的学习服务。个性化学习主要以教育云平台为支持,以需求本位的个性化学习内容推送、能力本位的个性化学习路径生成和掌握本位的个性化学习评价为服务方向。这些个性化的辅助最终导向是培育学生有意义的自主学习、深度学习，引导他们学会反思，拥有批判性思维，将之培养成具备核心素养的新世纪人才。[1]

为了保障学生个性化学习的效能，学校也要相应地做一些改进：①学校要倡导教师与学生之间多沟通，帮助教师加深对学生的理解；为教师学习人工智能技术提供支持，让教师善于以人工智能技术为手段，掌握学生的个性特征。②学校通过大数据收集及分析，为每个学生量身定制个性化服务，使每个学生拥有"私人"教师团队，这个团队是人机共同体，也是未来教学的主流模式。③学校竭力为学生构建群体智能学习环境，知识浩如烟海，个体的精力、时间与眼界总是存在不足，提倡学生在线上和线下与其他人合作学习，让学生适应人工智能时代的学习模式。

第二节　人工智能时代的学校内涵

一、学校的存亡

关于学校存亡的讨论源于 20 世纪 20 年代后期，当时为了满足社会主义建设的需要，在恩格斯的劳动创造人的思想及克伯屈的设计教学法等的影响下，苏联出现了学校前途预测理论。该理论包括三个基本观点。一是在共产主义社会，学校将伴随着国家的消亡而消亡，年轻一代的教育和教养将被各种形式的校外工作所取代。人参与社会生活的过程，就是接受教育的过程。二是强调学生应在生产劳动和生活实践中自发学习。三是提倡以工人农民为师，以各种专家为师。美国教育思想家伊万·伊利奇在《去学校化社会》一书中，不仅指出学校已经成为一个社会问题，它正陷入四面楚歌之中，而且主张创立包括自由的教育理念、平等的教育机会、开放的学习网络的全新教育制度。[2] 在伊利奇看来，废除学校将是不可避免的，并且其发生过程也将是异常迅猛的。人们无法阻止

---

① 傅蝶.人工智能时代学校教育何去何从[J].现代教育管理，2019(5)：52—57.
② 伊利奇.去学校化社会[M].吴康宁，译.北京：中国轻工业出版社，2017：58—59.

其发生,但也不必加剧这一过程,因为这一过程已在进行之中,值得我们做的是,努力使它朝充满希望的方向发展。伊利奇相信,未来的教育方式应当是在全球范围内形成一个网络组织,也就是一个非学校化的社会。其目标是创建一种"易于使用的新的网络",也就是所谓的"机遇因特网",其基本内容包括四个"学习通道"(或者说"学习网"),分别是学习资源网、技能互换网、伙伴匹配网、专业教育者网。教育家埃弗里特·赖默在《学校已经死亡》中主张,学生需要学习的场所不单单是学校,而是生活环境中一切可利用的学习资源。事实上,源于美国的家庭学校就是学校消亡论的产物。现在,人工智能等新兴技术已经改变了社会中的各行各业,教育将如何变革呢?我国教育学学者王毓珣在《教育学视角下的未来学校》一书中提出:传统的学校正在走向消亡,替代它的将是未来学习中心。当然,关于学校走向消亡的论断,只是极少数人的意见。

持学校独存论者认为,几个世纪以来,在技术的拉动下,人类社会发生了翻天覆地的变化,但教堂与学校没有发生革命性变化。这是因为学校是教育人、塑造人心灵的场所。教育是心灵与心灵的沟通,灵魂与灵魂的交融,人格与人格的对话,这就意味着教育只有在人与人之间的现实沟通、交往中才有可能实现。德国教育家卡尔·西奥多·雅斯贝尔斯在其著作《什么是教育》中给教育下了这样一个定义:所谓教育,是人的灵魂的教育,包括知识内容的传授、生命内涵的领悟、意志行为的规范,并通过文化传递功能,将文化遗产交给年轻一代,使他们自由地生成,并启迪其自由天性。联合国教科文组织在《反思教育:向"全球共同利益"的理念转变》中则提到:学校教育的重要性并没有削弱。学校教育是制度化学习和在家庭之外实现社会化的第一步,是社会学习(学会做人和学会共存)的重要组成部分。学习不应只是个人的事情。作为一种社会经验,需要与他人共同学习,以及通过与同伴和老师进行讨论及辩论的方式来学习。可见,人的培养,是无法完全依靠技术的。

事实上,在未来,学校不会消亡,只要人类社会存在,学校一定能够存在,只不过这里所指的"学校存在"不是独存,而是顺应时代的发展变化而作出相应的调整与变革的共存。第四次工业革命使教育生态发生了巨大的变化,学习环境在变,学习内容在变,学习方法在变,学习手段在变,学习时间在变,学习空间在变,教学方式在变,评价制度在变,师生关系在变,学校管理在变,学校也必须进行改变。未来学校必须依据时代的发展、科技的进步、人类的需要与个体的潜能,走向人机共存、人机共融的智能时代。

与之相关的,当下还有关于未来教师存亡的争辩。其实,这是与学校存亡相关度最大的问题。既然学校依存,那么教师自然仍在。正如世界报业大亨鲁伯特·默多克所言:科技永远不能取代教师,我们能做的是减轻教师的负担,同时可以利用科技来做教育的深入分析,从而让教师把时间用在启发学生的创造性和人性上。联合国教科文组织在《反思教育:向"全球共同利益"的理念转变》中也否定了教师消亡的预测:某些人起初预测,教师职业注定会逐步消亡,新的数字技术将逐步取代教师,实现更广泛的知识传播,提高知识可获得性,最重要的是在教育机会急速扩张的同时节约资金和资源。但我们必须认识到,这种预测已不再令人信服,数字技术不会取代教师。网络技术、数字技术、人工智能不会完全取代教师,但会成为教师教育教学的最佳助手,不仅能够减轻教师重复性的简单劳动,而且能够提供精准及时有效的反馈,实现捷克民主主义教育家扬·阿姆斯·夸美纽斯的理想——寻求并找出一种教学的方法,使教师因此可以少教,但是学生可以因此多学;使学校因此可以少些喧嚣、厌恶和无益的劳苦,多些闲暇、快乐和坚实的进步。

二、学校的特征

智能技术与学校建设的融合,将使学校呈现教育环境智能化、课程资源多样化、教育教学智慧化、教育评价多元化、校园管理数字化等特征。

(一)学校的教育环境智能化

随着人工智能等技术在智慧校园环境建设过程中的应用逐步成熟,校园中的教育、学习、生活行为都将更加智能化。人工智能等技术为学校教育教学提供了智能化环境保障,为教育教学活动实现人机智能交互提供了支持。学校可以利用扩展现实技术实现现实空间和虚拟空间的无缝融合,同时基于人工智能技术作为智能学习引擎,提升支持多样化学习需求的智能感知能力和服务能力,实现以知识泛在性、社会性、情境性、适应性、连接性等特征为主要核心功能特征的泛在智能学习。

(二)学校的课程资源多样化

课程资源是指在课程目标的指引下,通过筛选、整合、充实到课程内容中并保障课程活动顺利进行的各种有形的人力、物力、自然资源,以及无形的知识结构和经验。在人工智能时代,学校大部分的课程资源都是可以通过数字化方式实现存储的。学校的课程、教材,以及其他配套的资源,空前丰富,形式更加多样化,包括复杂的、系统的和标准的资源,都将被纳入课程中,以智能化的、可接受的形式传授给学生。[①] 每位学生在享受个性化、智慧化学习过程的同时,也可以通过智能技术创造新的资源,实现教育资源的最大化,从而实现教育的最终目标。

(三)学校的教育教学智慧化

学校教育教学智慧化主要体现在以下几个方面。①教学的沉浸性。学校的教学环境可以应用虚拟现实技术,建立虚拟实验室,开展沉浸式教学。②教学的个性化。通过大数据分析,教师可以了解每个学生的具体学习情况,并根据不同学生的特点,开展教学设计,实现对每位学生的个性化指导。③教育的智能化。人工智能可以将教师从繁杂的日常工作中解脱出来,让教师集中精力于教学设计、能力培养、学习指导和全面评估,从而更好地运用技术进行教学。

(四)学校的教育评价多元化

人工智能时代的学校,其智能教学环境可以实时地采集和存储教育教学中大量的数据,并对其进行实时分析,从而使教育教学的整个过程得到全面的可视化呈现,使教学活动、教师教学、学生学习等得到客观、全面、及时的评价。人工智能时代的教育评价在技术的支持下,逐步实现动态评价与静态评价、过程性评价与终结性评价相结合。基于大数据的学生综合素质评价,可以实现学生自评、同伴互评、教师助评、家长参评等多元评价主体参与,通过定性评价与定量评价相结合,提高评价的信度和效度,使教育评价更加科学、客观、全面。[②]

(五)学校的校园管理数字化

人工智能技术既为学校的教学环境、教育资源的数字化提供了基础,也促进了学校

① 裴祖鉴.智慧教育视域下学校建设的目标、特征与实践[J].教学与管理,2021(24):45—47.
② 邢西深.迈向智能教育的基础教育信息化发展新思路[J].电化教育研究,2020,41(7):108—113.

管理和服务方式的创新。在人工智能时代,数字校园基本建成,校园管理智能平台将学校的固定资产、财务、学生、教师、安全、课程等管理流程进行优化,并将其转化为一套完整的数据,从而实现校园管理的一体化,极大提升了管理的效率。同时,人工智能技术将完全融入教育、教学和制度文化之中,推动数字校园管理工作更加智慧化、规范化、人性化。[①]

三、学校的形态

人工智能时代学校的形态特征是学生可以通过随时随地的互联互通,实现个性化学习,教师将是学生学习的引导者和促进者。借助于人工智能技术的融合创新,学校的表现形态从教育时空到组织结构再到具体的教学服务将发生一系列变革。

(一)虚实交融的泛在时空

未来的学校将会是一种虚拟与现实相结合的泛在空间。未来的校园空间将会包含虚拟校园空间(即虚拟学校),以及在特定的时间和空间中的物理校园空间(即实体学校)。事实上,自从学校诞生以来,它就是一个有形的学校。然而,在技术的支持下,许多学校已经突破了传统物理空间的藩篱。例如,美国的 AltSchool 学校,整个学校的运作,就是建立一个不断更新的网络平台;法国的 Ecole 42 学校,是一个在线网站与学习中心的统一体;还有美国在 2014 年由线上转到线上和线下相结合的可汗实验学校。未来,虚拟学校将把自己定位为社会基础设施,是由全体公民共同参与、共同管理的学校组织形式,可以为学生提供全方位的教育服务。虚拟学校将担负起传统学校知识教育的主体责任,同时以个体为主的自主学习、个性化学习、继续教育等也将在虚拟学校中进行。

当然,实体学校也依然会存在,但会发生一系列的变化。传统实体学校的教学空间主要是教室,但现在某些实体学校已经发生了变化,如瑞典的 Vittra Telefonplan 学校,整个校园都在进行创意的空间布局,将传统的课堂变为多种开放的学习场所,包括学习区、休闲区、探究区等多种功能区域。在人工智能技术的支持下,未来实体学校的教学空

---

① 申国昌,陈晓宇. 中小学数字校园管理指数评价指标体系研究[J]. 电化教育研究,2020,41(10):94—98.

间将发生一系列的变化。例如,温度、湿度、亮度、色彩、照明等都可以按照使用者的需求和偏好来进行个性化的设计;教室布置可以依据个人的生理和心理需求进行灵活调整;教学资源将不再局限于纸质教材、教辅等,而是包含丰富的数字化学习资源,并可以根据学生的个人学习情况进行个性化推送。

在未来,实体学校将会成为培养学生高阶思维能力的重要平台。换而言之,实体学校将以学生在虚拟学校中的学习情况为基础,促进学生深度学习和合作探究学习,以培养学生整体思维、批判性思维、创造性思维等高阶思维能力。同时,虚拟学校可以随时为学生提供教学服务,而学生可以根据自己的个人喜好和地理位置选择合适的实体学校。由此可见,未来虚拟学校和实体学校会根据每个学生的学习需要,进行灵活的混合使用,形成一个螺旋状的、适合每个学生的泛在学校。

(二)人机融合的协同系统

未来学校以学校虚实结合的泛在时空为基础,拥有人机融合的协同系统。人机融合的本质即人、人工智能及环境之间的共存,主要指向人与人工智能及环境之间的高度融合,不仅关乎人工智能对于人类机体能力、认知能力的提升,而且关乎人类对于人工智能感知、情绪认知等能力的提升,是一种人与人工智能与环境的融合共生状态。[①] 人机融合的协同系统(见图 3-1)主要是指教师、学生、人工智能和学习内容之间的相互作用,几者之间存在着积极和消极的交互作用,或加强或压制,四位一体促进了学校教育的发展。

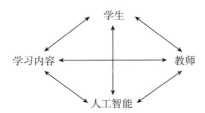

图 3-1 人机融合的协同系统

在人机融合的基础上,学校结构体系可以在一定程度上满足学校教师和学生对学校教育时空、教育资源、教育媒介等的个性化需求,同时也可以为教师和学生提供相关服务。在人工智能和大数据的支持下,未来学校的管理者可以准确地掌握教师和学生的教

---

① 罗生全,王素月.未来学校的内涵、表现形态及其建设机制[J].中国电化教育,2020(1):40—45,55.

学和学习路径,并为教师进行个性化教学提出准确的指导意见,为学生的个性化学习提供更精准的服务。同时,随着人机融合的进一步深化,学校本身也将处于持续的学习过程中。将来,学校不仅是人类学习的场所,同时也将成为人工智能学习的场所,使人工智能在提供服务的过程中不断学习、更新。基于学生、教师、人工智能、内容四个要素的交互,人工智能可以记录下每个交互要素的个性化需求,并根据每个交互要素的反馈不断更新。

(三)个性化学习的服务形态

未来学校将为大众提供基于学生个性化学习的学校教育服务。

首先,未来学校将在学生个性化学习方面,提供各种学习资源服务。在此基础上,学校在大数据和人工智能等技术的支持下,将为学生、教师、家长等提供高质量的个性化服务,通过记录学校中每一位教育参与者的发展进程,来优化未来学校的业绩评估与学生的学业评价,以及促进教师的专业发展和家校深入合作。

其次,未来学校的课程与教学将基于学生的个性化学习从统一设置转向个体创生。随着教育的全球化,学校的教学资源将会更加丰富和优质。全球名校、名师、优课都将可能成为每个学生的课程学习资源。课程发展将不仅是国家、学校的责任,社会各类机构也会加入课程研发的行列中,学校的课程外包也会是一种常态。在计算机技术与虚拟现实技术相结合的基础上,课程形式将会更加多元化、更加真实、更加贴近学生的日常生活。综合课程、活动课程、探究课程等都将是今后主流的课程形式。学生可以根据自己的喜好,自由地选择自己喜欢的课程。随着人机交互技术的深入发展,学校教学在今后的发展中将进入"深度学习"。它将从单纯的课堂授课和独立的探索转向以学生个人学习需要为基础的多元教学模式,采取虚拟网络的线上教学与传统的线下授课相结合的方式。在此基础上,基于人机交互的交互技术,实现了教师和学生之间的互动,并对其进行了进一步的优化和智能化,实现了对未来教育的个性化创造。

最后,未来学校的师生关系将基于学生的个性化学习,从以教师为主导的师生关系建构走向以学生为主导的师生关系建构。在未来学校中,学生面向两类教师:智能教师与实体教师。智能教师将取代实体教师的部分知识教授工作,但这并不意味着实体教师不需要相应的知识基础。在人机共教的未来学校,机器不会取代教师,但其给教师角色带来了挑战。在未来学校,实体教师的工作将基于知识教授之上,致力于促进学生更高阶学习的发生和更高阶思维能力的发展。而学生也可以基于自身的学习需求与学习进程选择相应的教师,接受相应的教授与辅导。

第三节　人工智能时代的学校环境

微课

知识链接

　　人工智能时代的学校环境具有自然交互、情景感知、主动适应、虚实融合、远程协同、数据驱动、智能管控、人机融合等特征。"智能"是其最显著的体现,它可以基于上述特征,在基础设施、教学内容、教学活动、信息资源等方面实现以人为本的智能化改造:通过互联网的连接,建立一个虚实融合的生态系统;通过技术与教育的深度融合来最优化地提高教学、生活质量,构建促进学生全面发展的现代化成长环境。[①] 人工智能时代的学校环境改造体现在智慧校园建设方面,主要包括建设智慧教室、智慧备课室、智慧语音室、智慧实验室、智慧图书馆等功能室。下面,以智慧教室、智慧实验室和智慧图书馆这三类典型智慧环境建设为例介绍人工智能时代的学校环境。

一、智慧教室

　　教室是教与学活动发生的主要场所,对学生知识建构和情感培养有重要的作用。教室也是教师与学生之间建立直接联系的桥梁,是践行教学理论与方法、开展教育研究的重要环境,更是长久以来各类教育教学活动开展的主要场所。智慧教室是一种典型的智慧学习环境,它是借助人工智能等技术构建起来的新型教室,包括有形的物理空间和无形的数字空间,通过各类智能装备辅助教学内容的呈现、丰富学习资源的获取途径、促进课堂中师生互动,实现情境感知与环境管理功能。智慧教室的目标是提供人性化、智能化的互动活动,将实体和虚拟相结合,实现局部环境和远距离环境的融合,加强人与学习情境的联系,促进个性化学习、开放式学习和泛在学习。在人工智能的基础上,结合物联网、大数据、学习分析等技术,可以有效地拓宽教学环境,通过完善课堂环境设备、重构课堂教与学结构、建立全覆盖式管理系统,更能满足学生的个性化、全面化的发展需求。智

---

① 余胜泉,王阿习."互联网＋教育"的变革路径[J]. 中国电化教育,2016(10):1—9.

慧教室在今后的教育改革中具有很大的潜力,但仍需要不断探索和拓展。

一般的智慧教室能够充分体现"以学为中心"的教育理念,教室的设计与空间布局着重围绕加强学生交互、开展灵活性的教学活动与学习活动、帮助学生学习等。智慧教室建设将先进的科学技术与现代教育理念相结合,在教学理论上以系统理论、学习理论、教学理论、传播理论等为指导思想;在空间设计上注重教室(学习)空间的灵活性、舒适性,重视感官刺激,强调学习空间色彩、布局等方面的重要性,强调学习空间要能够支持共同学习和知识共建。智慧教室的各种设备不是随意安放在教室中的,而是充分考虑了温度、光线、湿度等因素,并随学习内容、学习活动的变化而改变。课桌可以随意移动和拼接,教学形式更加多样化、和谐化、智能化等。智慧教室需要高端技术的支持,必须配置交互式智能一体机、录播系统、应答系统、教育云平台,并且人手一台平板电脑,这样能检测学生的学习进度,做到实时反馈、智能判断与分析,进而推送教学资源,实现学生的个性化学习(见图 3-2)。

图 3-2　智慧教室

具体而言,智慧教室具有以下特征:①打破传统教室格局,空间设计感和未来感强,富有创意;②设施先进齐全,具有智能化、人性化的特征,且交互性、可持续性强,便于更新和维护;③高速无线网络覆盖,资源丰富、开放,易于获取和共享;④教室功能多元化,适应性强,适合不同的教学方式;⑤桌椅等设计符合人体工学,安全环保,有益于人体健康;⑥有完备的安全保护系统。

总的来看,智慧教室主要包含以下三个系统。

(一) 环境感知与管理系统

环境感知与管理系统是以物联网技术为基础,整合课堂内硬件设施及设备,建立统一自适应、调控的课堂管理系统。其主要是利用传感器感知空间环境及空间中人与事物的行为、状态,通过智能化识别与分析各环境要素的指标,如空气、湿度、温度、光线等,将其调节至促进学生学习活动的最佳状态,并加以维护。例如,光环境感知与管理系统利用高精度光感头,可以有效地检测环境光,并调节室内灯光的亮度,使其保持在最适宜的状态,并能通过云端可视化平台对其进行监控和设置。

(二) 多屏交互显示系统

课堂多维信息可视化呈现是智慧教室所应具备的重要功能。智慧教室的多屏交互显示系统不仅能够将课堂信息和教育资源清晰、直观地呈现给学生,还能够根据学生的认知特征协助学生理解任务、建构知识、协作交流。其中的分屏技术有利于协作学习活动的开展,促进师生间、学生间的高效互动,实现学习过程及阶段成果的实时共享。

例如,丽水学院建立的未来教育智慧实验中心是一个典型的智慧教室(见图 3-3)。该教室拥有 6 套小组式桌椅、1 块纳米黑板、7 台实物展台、6 台平板显示器、6 台非线编工作站、1 台打印机、1 套录播系统等硬件设备,为学生小组学习、讨论提供了良好的技术支持。多屏交互显示系统能够实现全方位的交互方式,使信息传递更加迅速、学习手段更加灵活。

图 3-3　丽水学院的智慧教室

（三）学情分析与管理系统

学情分析与管理系统利用大数据技术对学生的学业表现进行检测、分析、反馈，依据知识点所对应的不同课程的教师的教学行为，诊断教师的课堂教学行为是否有效及课堂教学行为对教学的影响等。例如，丽水学院建立了一套区域间的教育大数据分析平台（见图 3-4），该平台围绕学科知识、心理发展、体质健康和综合素养等学生关键要素进行管理、分析，并对学习发展状况进行可视化呈现，及时发现学生的学习发展问题，并提供预警。

智慧教室在国内已经开始普及，以华南师范大学为例，该校建设的青鹿智慧教室分别是新师范创新学习空间和教师教学技能实训中心，前者设有新创业教室、跨校区互动教室、通识课程教室和精品课程录制教室，后者设有教学技能实训室、教学技能研讨室与观摩室。在项目整体设计上，装修风格简约大方、色彩明亮，灯光、家具皆可调至最佳舒适度。在教室里，教学设备先进、智能，借助物联网技术，教学设备可一键开关，师生无须被复杂的设备管理束缚，教室实现自带设备（Bring Your Own Device，BYOD），满足师生自行携带设备便捷接入，同时可实现 6 个小组的多屏互动教学场景，实现了线上、线下教学活动融合，助力教师探索新型教学模式，开展新型教学活动。智慧教室，处处调动着学

图 3-4 丽水学院的教育大数据分析平台

生的学习热情,激发着教师的教学灵感。

国外智慧教室建设也在不断发展,以美国为例,美国的智慧教育起步早、普及广、技术先进,做到了融合式教育。2014 年,智慧教室在美国已经基本普及。美国学校的教室几乎都配备有电脑、投影仪等设备,学生也都有平板电脑,可在机房或普通教室使用。我国的教育信息化建设是从硬件起步的,而美国则是软硬件同步发展。美国学校的电脑上各种软件一应俱全,均为学校付费,师生可免费使用。从教学第一天开始,教师就要使用电脑和其他各种电子设备上课,电子化教学已完全融入教学的每个环节。学生自小学一年级起每周都有专门的电脑课,教师教学生操作电脑、使用各种软件、用电脑学习或找资料、使用在线图书馆等。

二、智慧实验室

在传统实验室的基础上,智慧实验室将信息技术、机器视觉和模式识别技术相结合,集业务系统、中台管理系统、智能预测系统于一体。智慧实验室可以实现对实验人员进行身份识别、对实验室进行智能化配置、对实验室运行状况进行实时监测、对实验室的仪器进行远程遥控。智慧实验室也是一个很好的教学基地,实验室中应用了智能化技术,可以有效地改善实验室的环境,提高设备的利用率,强化各个部门的合作,增强学生的认知和实践能力。

智慧实验室中的数字化实验系统利用传感器,能够探测和感受外界的信号、物理条件(如光、热、湿度、温度等)或化学组成,并将探知的信息转化成数字信号输出,弥补传统实验的缺陷,充分体现了数字化实验系统集数据记录、数据分析和自动控制等功能于一体的优势,实现了实验数据采集的数字化和自动化、数据处理和数据分析的智能化,很好地解决了传统实验中"定性实验多,定量实验少;验证实验多,探究实验少"的问题。智慧实验室为有效实现信息技术与科学教学的整合提供了新的平台,为学生探究科学规律提供了新的契机。在智慧实验室中,通过使用不同的教学资源能够灵活地开展多种类型的教学活动和实验活动,如高精度实时采集数据、数据可视化呈现、自动记录数据、分析处理数据、辅助生成实验报告、教师演示实验、分组实验、分组讨论、传统学习活动等。智慧实验室环境主要由传感器、数据采集器、信号发生器、实验设备、计算机和数据采集分析软件系统构成。

智慧实验室一般兼顾学科特征,考虑不同实验的功能需求,根据实验人数、实验室空间标准、设备标准等要求,设计智慧化的物理实验室、化学实验室、生物实验室和数学探究实验室等。此处以数学探究实验室为例进行介绍。数学探究实验室以图形计算器为核心,融合了其他相关教育技术和产品,如计算机、投影仪、数据采集器、传感器(物理、化学、生物等)、课堂管理软件、教学云技术服务等,并兼具灵活方便的可移动特征。实验室中的计算机代数系统可实现推理,体现思维过程;实验室中的动态几何通过抓移、旋转、采集数据、拼接等动作,可进行多维分析,猜想结论;实验室支持构建模型、随机模拟实验等,联系课堂知识与实际生活,帮助学生理解实际生活中的现象。数学探究实验室以"图形计算器+传感器+数据采集器"为构建要素,秉持数学建模思想,通过图形计算器与物理、化学、生物传感器的连接,实现对更广泛学科知识的综合探究。其表现为要求学生提出假设、采集数据、建立模型、得出结论,在实验过程中通过运用图形计算器的图形、数据分析等功能,展现、拟合并验证实时实验数据。数学探究实验室的编程软件能帮助学进行自主编程,包括联系生活中的数学图形、利用日常数据进行数学推理和探究等,并将编程结果模块化及进行二次开发,能更有效地节约时间,同时提供不同的研究思路,从而方便其他学生在现有主题探究基础上进行再探究和再创新。

我国已经有一些学校建设了智慧实验室。例如,丽水学院建设了人工智能学习行为分析实验室(见图 3-5),该实验室通过人工智能技术对课堂教学数据进行深度挖掘,实现教学数据、伴随式采集和即时化分析,所形成的师生行为数据、教学内容数据、环境数据等,经过智能分析后,服务于现场教学、教师教研和学生个性化学习。

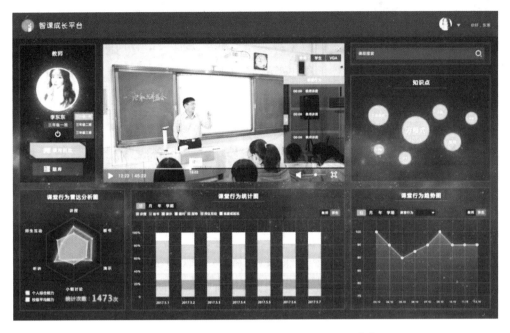

图 3-5 丽水学院人工智能学习行为分析实验室

三、智慧图书馆

智慧图书馆是指把智能技术运用到建设、管理中的图书馆,它是以人机耦合方式实现便捷服务的高级图书馆形态,以人的智慧和物的智能相结合为特征,以智能技术和智慧投入的融合为途径,以贯穿整个运行流程的数据为核心链接,最终实现图书馆高效服务与管理。智慧图书馆一般具有数字图书馆信息采集、信息管理与信息服务平台,可以实现馆藏文献存储的数字化、知识服务的智能化、馆际资源共享的最大化,包括资源数字化加工、信息智能采集与整合、信息内容管理、信息发布与全文检索、智能感知、个性化信息服务等应用系统。

智慧图书馆具有三大特点:①智慧互联,实现信息的全面感知、人-馆-书的立体互联、图书馆-馆员-读者之间的共享协同,实现馆馆相连、网网相连、库库相连、人物相连;②智能高效,实现馆建、藏书等方面的节能低碳,实现感知和应对危机的灵敏便捷,实现跨应用、跨区域、跨平台的整合集群;③快捷便利,实现无线泛在的借阅服务,实现同一空间一体化的阅读学习,实现图书馆-馆员-读者之间个性化、智能化互动。

当前智慧图书馆正在大量引进机器人图书管理员,机器人图书管理员可以按照阅览区需求定制,可满足读者咨询解答、馆藏书目检索等需求。针对开馆时间、借阅证办理、借阅规则等日常问题,读者只需要向机器人图书管理员直接语音询问,它即可作出相应回答。借书、还书均可通过机器人图书管理员自助办理。甚至,机器人图书管理员可以使图书馆实现无人值守,24小时开放。智慧图书馆门口设有实时数据显示屏,可统计每天的到馆人次。如果读者拿的图书没有办理借阅手续,在路过门禁时,系统就会报警,自动门也不会打开。如果遇到特殊情况,则可通过紧急报警系统联系管理员。

德国等一些欧洲的大学图书馆,最先开始研究智能机器人在图书馆的应用,之后其他图书馆也开展了进一步的研究。德国学者提出基于智能聊天机器人构建个性化推荐系统,通过分析用户注册信息和使用历史建立可动态调控的初始用户模型,聊天结束时可以向用户提供个性化推荐服务。图书搬运机器人在德国柏林洪堡大学和日本大阪市立大学的图书馆得到了成功应用。图书自动存取机器人能够实现自主导航和定位,完成图书上下架等操作,具有代表性的是美国约翰斯·霍普金斯大学研制的面向异地图书存取的机器人:当读者请求异地馆藏的图书时,一个机器人从书架上检索图书并将其送给另一个自动翻页机器人,自动翻页机器人将根据读者需求翻转书籍并扫描。

案例 3-1

中山大学智慧图书馆

国内学校智慧图书馆也开始普及,中山大学图书馆使用射频识别技术(Radio Frequency Identification,RFID)智慧图书馆解决方案,为中山大学的5个场馆进行了信息化智能改造,创新的图书馆自动化管理模式替代了重复性工作模式,有效缩短图书流通的周期,提升了服务水平。中山大学图书馆具有悠久历史,各个图书馆都有各自既定成型的规则(例如索书号排架规则),深圳市远望谷技术股份有限公司(以下简称远望谷)需要在不改变既定习惯和规则的基础上对各图书馆场馆进行智能化改造,并且许多馆藏图书非常珍贵,因此对图书的加工也有极高的要求。"远望谷"为中山大学图书馆的主要应用场景进行了智能化改造,利用RFID中央管理系统将总馆和各分馆进行互联互通,同时对所有终端设备进行数据打通,实行有效的统一数据监控和管理,从而实现:对图书馆馆藏进行统一的RFID标签管理；通过自助借还，提高流通外借效率，优化读者服务体验；通过馆藏快速顺架、盘点、定位和查找，以便于管理；通过延伸图书馆的服务时间，优化图书馆的服务水平及管理效率，更好地服务全校师生读者。

导览机器人　自助查询机　智能图书角　图书杀菌机　自助借还机　移动还书箱　朗读亭

图书馆流通系统

图书馆大数据发布平台

图书馆RFID中央管理系统

微信图书馆平台

数字图书馆资源平台

新书发布系统

积分兑换系统

移动盘点车　读者反馈系统　RFID安全门　智能书架　馆员工作站　墨水屏借阅柜　门禁抓拍系统　听书机

中山大学智慧图书馆智能系统

第四节　人工智能时代的学校案例

在人工智能快速发展的大背景下，各国都在纷纷探索未来学校，并已经产生了一些成功的实践探索案例。这些学校重视培养学生的探索精神和合作精神，以不同的形式授课，重构教室，改革课程，人工智能也成为学校教学中必不可少的一部分。

一、瑞典 Vittra Telefonplan 学校

Vittra Telefonplan 学校是瑞典斯德哥尔摩的一所私人学校（见图 3-6），被称为"一所

没有教室的学校"。校园的整体空间布局十分具有创意,将传统的教室变为多种开放的学习场所,如非正式学习区、休闲区、探究区等多种功能区域。将原本传统的教室转变为"水吧""营地""多功能实验室""洞穴"等新型学习空间。日常学习活动通常是这样的:学生趴在"洞穴"里自学;学生在"多功能实验室"里进行数学、科学和艺术方面的研究;在"营地"里,学生在讨论任务过程;在"水吧"里,学生在进行社会性交往和非正式学习。这些空间更人性化,更有亲切感,为学生提供了一种全新的沉浸体验,并有助于他们进行个性化、深度化学习。学校不用按常规的教学方法来安排班级而是把学生分为几个小组,每个小组都采用了不同的教学方法和教学手段。因为学生常常在电脑上进行学习,所以整体分散的布局更容易让他们在使用电脑时不被打扰。学校的各种措施让学习过程变得更加有趣,使学生喜欢在学校上学,学习动机也更加明确。学校的各项举措更有利于发展学生面向 21 世纪的技能,如沟通能力、同情心、自信心、注意力等。当然,学校和家长之间的互动也由于 Vittra Book^① 的存在而变得更加高效。

图 3-6　瑞典 Vittra Telefonplan 学校

---

　　① 　Vittra Book:学生在网络空间中拥有的一个文件夹,类似于个人空间,便于分享、互动与交流。——编者注

二、美国 Altschool 学校

Altschool 学校成立于 2013 年,现已在美国旧金山及纽约开设了 4 所分院(见图 3-7)。该校相信透过科技的力量,可以让学生在将来的教育中获得更好的个人发展。这所学校教室的布置和普通学校类似,但是教学形式却完全不一样。学生拥有自己的平板电脑或笔记本电脑,内置不同的任务清单等待学生完成。个性化任务清单的制订源于教师对每位学生的深入了解,教师要了解学生的兴趣、特长、学习习惯和需要提升的领域。同时,教师还要掌握每名学生的学习进度,有助于准备下一步的任务清单;家长也会通过专门的平台了解孩子的学习情况。学生、教师、家长三方能够非常轻松地达成教学共识。

为了更好地实施个性化的教学,学校实施小班化教学,每班学生人数 20～25 名,配有 2 名教师。在学生每次完成作业后,教师根据在线学习平台的评估随时调整教学内容和进度。除了师资队伍外,该校拥有一支由大量的工程技术人员组成的队伍,他们通过对学生的学习数据进行全面的采集,并对他们的学习状况进行分析,从而使教师更好地了解数据的分析结果。不管学生处于何种学习水平,学校都会制订出一套最适合他们的教学方案,使他们能够根据自己的学习进程来完成他们的目标。该学校所使用的学习平台由两大模块组成:一是学习任务清单,将教学内容细分为数以千计的知识单元,由教师创建、排序和重组构成一系列崭新的学习任务(任务不限于一个特定的科目,而是以多个不同的领域进行组合,并保证每个学生的学习任务都能涵盖科目的全部知识点),学生在平台上查看任务、完成任务,教师会根据学生的学习进度进行跟踪,并给出相应的指导;二是学生"画像",这是可以让教师了解学生学习情况的一套系统方法,教师可以了解学生的学业成绩和非学业成绩,比如学生掌握的知识、三方评估结果、学生的作品等,从而掌握学生的兴趣、学习风格和认知特征,并为学生的个性化学习提供支持。

图 3-7　美国 Altschool 学校

三、法国 Ecole 42 学校

Ecole 42 学校是一所私立计算机编程学校,坐落在法国巴黎,在美国旧金山有一所分校(见图 3-8)。确切地说,这并不是一个正式的学校,更像是一个网络站点和一个学习中心。该校以一种崭新的教学模式,为广大的计算机技术人员提供免费的教学资源,并对其进行了教学、科研等方面的培训。该校没有教师,没有教科书,没有教室。学校每年将800～1000 个学生分配到巴黎的一个研究中心,这些学生每人拥有一台学习资源充足的电脑,以满足其自主学习的需要。在 3～5 年的学习期间,学生之间需要合作学习,且每个人都有各自的责任分工。整个学习过程就像是一场挑战,学校会根据学生的经历,对学生的成绩进行跟踪,并根据成绩,给予学生一定的奖励。为了保证学习任务的顺利进行,学生之间要相互协助,在合作中解决问题。每完成一次作业,更高一级的作业会被自动解锁,当学生完成 21 级作业时,就可以获得学位。学校全天候开放,学生可以随意出入校园;学校还为学生提供了休闲区,让他们在课后休息。

图 3-8　法国 Ecole 42 学校

四、我国杭州建兰中学

杭州建兰中学一直致力于将科技融入教育。"建兰学校大脑"工程于 2017 年启动，这是建兰中学在科技融入教育方面的一次尝试，通过搭建一种新的教学环境，将学生的学习行为转化为数据，以数据为新的生产要素，重建教与学之间的联系。"建兰学校大脑"不仅是一套设备和软件，而且是一种新的、以人工智能技术为基础的信息系统。它通过对学生的各类数据进行搜集、分析，并提供给教师进行综合判断，从而使教学更加精确。

建兰中学在校园的各个角落、教育教学的各个环节营造数据场景。以数学课为例，教室里有专用设备对准讲台，录入教师上课的课件、板书，以及老师讲课的声音，这些将作为教学过程中重要的数据资源。教师可通过"班级日志"里的类别项目对学生在课堂上的回答情况、学习状态进行评价，并可将评价自动汇总，为其了解学生行为提供重要的依据。在课后作业布置方面，教师可以选择各种作业模式，如二维码自主批改模式、扫描模式、拍照模式等。学生的学习数据都留在"建兰学校大脑"里，每一堂课、每一天、每一学期下来，就形成每个学生的数据包，这是学生成长的印迹。此外，学生人手一张一卡通，可以自由出入餐厅、咖啡吧、书吧、自助打印室等场地，每一次刷卡记录也会留在"建兰学校大脑"中。

"建兰学校大脑"以课程理念构建了学生能力 9 大板块 66 个维度,每个维度都有相对应的大数据支撑。建兰中学还有一个看得见的"大脑",走进该校六楼的 STEAM 教室,一块巨屏夺人眼球(见图 3-9)。屏幕分为 5 大板块,最显眼的是正中间的学生"成长树",通过对数据的汇聚处理,为每个学生进行数据画像,呈现为一棵动态生长的树。每一条树干、每一片枝叶都对应多元智能理论下的一种能力取向。基于对每个学生的画像,巨屏上又衍生出了教师画像、班级画像、学科画像等其他板块。操作者可随时调看某一板块,并展开其背后的数据包。此外,建兰中学还打造杭州首个 5G 校园科学实验室,可以进一步提升"建兰学校大脑"的智能化水平,丰富"建兰学校大脑"的应用场景,加强教育与技术的融合运用。

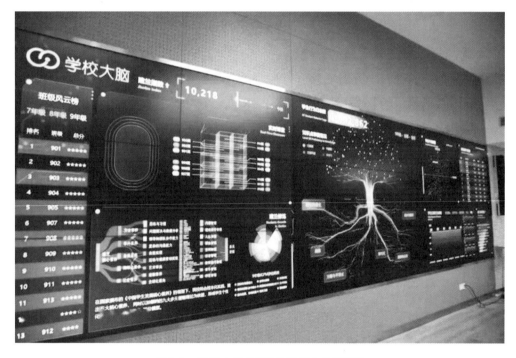

图 3-9 建兰中学的"建兰学校大脑"屏幕

五、我国西北大学

2021 年被称为元宇宙元年,近两年来元宇宙迅猛发展,在各个领域崭露头角。元宇宙本身并不是新技术,而是集成了一大批现有技术,包括 5G、云计算、人工智能、虚拟现实、区块链、数字货币、物联网、人机交互等。同时,元宇宙在教育领域也初有尝试,其中以我国西北大学为代表的高校率先作出尝试,西北大学已经初步建设了西北大学元宇宙校园,西北大学是我国元宇宙校园全要素建设的首批探索者,也是陕西省首家元宇宙校园上线的高校。元宇宙校园是智能校园、未来校园的拓展和融合空间。

西北大学的元宇宙校园建设主要包括以下四大模块。

(1) 三个校区实景的元宇宙虚拟校园系统。基于三维建模、元宇宙实时交互引擎等数字技术,通过艺术化手段对西北大学现有的三个校区校园场景进行生动复刻,让全球师生、校友能够通过该元宇宙平台进行深度参观和交流互动,打造一个既能丰富校园学习生活,又能够寄托校友情感的元宇宙空间(见图 3-10)。

图 3-10 西北大学元宇宙校园

(2) 定制的星空报告厅、元宇宙会议虚拟报告厅及虚拟交互展览系统模块。元宇宙会议虚拟报告厅和虚拟交互展览系统将作为西北大学元宇宙校园的重要组成部分,主要功能为开虚拟会议、做虚拟报告和进行虚拟交互展览,致力于打造满足多人沉浸式在线会议的平台和场景。

(3) 数字文创发行铸造平台模块。数字文创发行铸造平台上的文创数字藏品发行和铸造,主要用于支持校园主题活动、校园数字文创发展,目前,西北大学已经围绕 120 周年校庆活动设计并发放了相关数字藏品。

（4）基于 VR 设备的示范性建设元宇宙虚拟实验空间及虚拟教学模块。其中，元宇宙虚拟实验空间模块，是一套可独立部署通过 VR 硬件显示设备进行交互的实验虚拟空间系统，可满足师生在 VR 设备中进行沉浸式体验学习。

西北大学元宇宙校园的上线，意味着学校在元宇宙校园建设方面迈出了坚实的一步。

参考文献

[1] 吴永和，刘博文，马晓玲. 构筑"人工智能＋教育"的生态系统[J]. 远程教育杂志，2017，35(5)：27—39.

[2] 闫志明，唐夏夏，秦旋，等. 教育人工智能(EAI)的内涵、关键技术与应用趋势：美国《为人工智能的未来做好准备》和《国家人工智能研发战略规划》报告解析[J]. 远程教育杂志，2017，35(1)：26—35.

[3] 李洪修. 人工智能背景下学校教育现代化的可能与实现[J]. 社会科学战线，2020(1)：234—241.

[4] 罗生全，王素月. 未来学校的内涵、表现形态及其建设机制[J]. 中国电化教育，2020(1)：40—45，55.

[5] 牟向伟，赵远航，唐瑗彬. 人工智能应用下智慧课堂的研究热点与趋势：基于 2001—2020 年国内外文献的知识图谱分析[J]. 中国教育信息化，2021(13)：35—41.

[6] 田友谊，姬冰澌. 人工智能时代未来学校的建设之道[J]. 中国电化教育，2021(6)：39—48.

[7] 李泽林，伊娟. 人工智能时代的学校教学生态重构[J]. 课程·教材·教法，2019，39(8)：34—41.

[8] 王婷婷，任友群. 人工智能时代的人才战略：《高等学校人工智能创新行动计划》解读之三[J]. 远程教育杂志，2018，36(5)：52—59.

[9] 李欢冬，樊磊. "可能"与"不可能"：当前人工智能技术教育价值的再探讨：《高等学校人工智能创新行动计划》解读之一[J]. 远程教育杂志，2018，36(5)：38—44.

[10] 关汉男，万昆，吴旻瑜. 校企深度融合：中国高校发展人工智能的"关键一招"：《高等

学校人工智能创新行动计划》解读之二[J]. 远程教育杂志,2018,36(5):45—51.

[11] 杨小微. 人工智能助推学校现代化的意义与可能路径[J]. 华中师范大学学报(人文社会科学版),2021,60(2):160—169.

[12] 刘德建,杜静,姜男,等. 人工智能融入学校教育的发展趋势[J]. 开放教育研究,2018,24(4):33—42.

[13] 桑国元,王新宇. 人工智能教师何以重塑学校文化[J]. 电化教育研究,2020,41(9):21—26,47.

[14] 任萍萍. 智能教育:让孩子站在人工智能的肩膀上适应未来[M]. 北京:电子工业出版社,2020.

[15] 余胜泉. 互联网＋教育:未来学校[M]. 北京:电子工业出版社,2019.

第四章
人工智能时代的教师

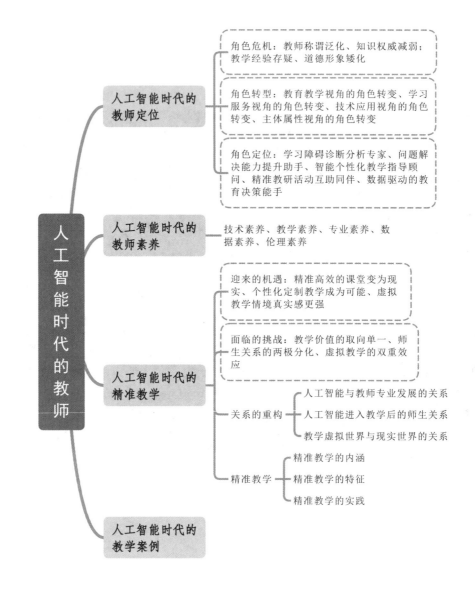

角色危机：教师称谓泛化、知识权威减弱；教学经验存疑、道德形象矮化

角色转型：教育教学视角的角色转变、学习服务视角的角色转变、技术应用视角的角色转变、主体属性视角的角色转变

角色定位：学习障碍诊断分析专家、问题解决能力提升助手、智能个性化教学指导顾问、精准教研活动互助同伴、数据驱动的教育决策能手

人工智能时代的教师定位

人工智能时代的教师素养

技术素养、教学素养、专业素养、数据素养、伦理素养

迎来的机遇：精准高效的课堂变为现实、个性化定制教学成为可能、虚拟教学情境真实感更强

面临的挑战：教学价值的取向单一、师生关系的两极分化、虚拟教学的双重效应

人工智能时代的精准教学

关系的重构——人工智能与教师专业发展的关系
——人工智能进入教学后的师生关系
——教学虚拟世界与现实世界的关系

精准教学——精准教学的内涵
——精准教学的特征
——精准教学的实践

人工智能时代的教师

人工智能时代的教学案例

人工智能应用于教育领域,将导致教育的方方面面发生变革,必然也会给教师角色带来挑战与机遇。有人认为,人工智能能为教师提供便利,并不会对教师职业产生实质性的影响;也有人认为,人工智能会给教育带来颠覆性的变革,它将取代教师承担部分工作,甚至完全取代教师。无论是盲目乐观的观点还是过分悲观的观点,都是由于人们对于人工智能与教师职业角色的认识不足,对教师在人工智能时代角色变革的思考不够。《中共中央 国务院关于全面深化新时代教师队伍建设改革的意见》中提出:教师主动适应信息化和人工智能等新技术变革,积极有效开展教育教学。由此可见,在人工智能时代,教师能够适应技术发展、能够运用技术进行教学将成为必然趋势。本章将探讨人工智能时代的教师定位、教师素养,以及教师如何借助人工智能技术进行精准教学,并介绍相关教学案例。

第一节　人工智能时代的教师定位

一、角色危机

　　在人工智能时代,教师作为一种职业并不会消失。但不可避免的是,教师仍然面临

微课

知识链接

着"优胜劣汰"的残酷现实。一方面,人工智能在教育领域中的深度应用可以帮助教师更好地完成教书育人的使命;另一方面,人工智能时代也对教师的专业发展和专业素养提出更高的要求。"师者,传道授业解惑也",这一长久以来教师的传统角色也必将被赋予新的时代内涵。人工智能时代教师角色危机,主要体现在以下四个方面。[①]

(一)教师称谓泛化

在我国传统文化中,"能者为师""长者为师"的观念深入人心。但是在人工智能时代,"教师"的内涵和外延都发生了变化。特别是随着互联网的发展而成长起来的学生,在很多情况下会对年长的教师进行"文化反哺"。这种时候,究竟"谁是教师"就变得难以区分了。此外,"教师"这一称谓的含义也不再局限于人类,"教师"不再是与学生面对面交流的特定群体,智能机器、虚拟教师和人工智能"教师"都可能被包含在内。此外,"教师"的称谓也打破了学校的界限,延伸到了各个领域。学校不再是教师唯一的工作场所,各种在线学习系统和在线课程平台也成为教师教书育人的场所。

在人工智能时代,人们获取信息的渠道丰富多样,每个人都有可能成为教师。正是如此,"教师"的称谓泛化会导致教师角色的转变。当人工智能与教育的融合成为趋势时,仍停留在重复机械工作中的教师将被智能机器所取代,不能适应技术发展的教师将不再被时代所需要。如果教师不能及时、准确地找到自己的角色定位,就很难完成人工智能时代的教育任务。停止学习、拒绝更新知识、落后于时代潮流的教师,最终会面临被淘汰的风险。

(二)知识权威减弱

在人工智能时代,知识的海量性、共享性和易获取性不断侵蚀着教师的权威。教师不再是"知识的代言人",也不能再充当"真理的化身"。过去,教师的权威主要来自其具有渊博的知识,教师通过对知识的储存、更新、整合、诠释和传播,让学生自发地产生一种信服力。在传统教学中,教师拥有绝对的知识发言权,学生也对教师有绝对的尊重和信任。然而,人工智能以其庞大的数据、复杂的程序、自我生成、人机对话,甚至情感关怀取代了教师部分的教学功能。学生不再完全依赖教师获得和掌握知识,教师的绝对话语权

---

① 邹太龙,康锐,谭平.人工智能时代教师的角色危机及其重塑[J].当代教育科学,2021(6):88—95.

也被打破,教师的知识权威逐渐下降。

首先,人工智能发展的基石在于对海量数据的深入学习,由于精力、时间、专业和视野等,教师在知识存储方面和人工智能不可相提并论。其次,各类知识的数字化趋势加剧,打破了时间、地域、经济和文化的限制。智能手机、学习机器人和平板电脑等设备使得学生获取学习资源更加便捷,公开课、慕课、微课等基于网络平台的在线教育模式不断出现,线上教育打破了学习场域、学习时间、学习内容、学习渠道的限制,世界各地的资源可以随时随地"在线"。最后,大数据的快速性使得知识的更新和迭代速度极快,教师的知识相对落后和陈旧,难以满足学生对知识新颖性和丰富性的需求。简而言之,在人工智能时代,教师不再是学生获取知识的唯一途径,甚至不再是重要途径,大数据的海量性、数字化、快速性等特征不断挑战教师的知识权威。

(三)教学经验存疑

循证教学是将专业智慧与最佳经验证据进行有机整合的教学,是西方教育科学运动的产物,其目的是促进教师基于证据而不是经验进行教学。[①] 循证教学的概念不仅对传统的基于经验的教学模式产生了重大影响,还对教师作为经验积累者的角色提出了挑战。可以预言,未来能够游刃于人工智能时代的教师,一定是能够基于教育数据分析开展教育教学的专业化人员。

人工智能时代是一个个性突出的新时代。学生首先是一个人,如果教育仍然以同一标准来判断个人价值,忽视其他因素对个人成长的影响,就很难激发学生个体的创造力。在人工智能时代的教育环境中,许多学习工具可以有效地为每个学生推荐足够的教学资源,并基于收集和挖掘学生学情数据来实施更加精准和个性化的教育。因此,教师被要求使用科学方法来获取证据,而不是局限于主观判断、直觉思维和历史经验。教师可以根据实时反馈作出教学决策,对学习过程进行量化、诊断、评估和分析。教师可以从大量的教育数据中获取、总结和学习教学规律,这改变了"长者为师"的传统认知,即使是新手教师也有可能在短时间内成为一名优秀教师。

---

①　崔友兴.循证教学研究的现状、问题与展望[J].海南师范大学学报(社会科学版),2018,31(1):82—90.

（四）道德形象矮化

在传统的教育思想中,教师享有极高的社会地位和道德期待。《礼记》中的"师也者,教之以事而喻诸德者也"和西汉学者扬雄的"师者,人之模范也",都是从道德维度强调了教师为人师表、行为世范的内在要求。可以说,自古以来,教师都被认为是社会道德的代表者、学生道德成长的引路人,甚至被抬至"道德法官""道德完人"的高度,其崇高的道德形象对广大学生形成了一股无形而强大的吸引力量。

从行动教育学的观点来看,教师本身就是非常重要的道德影响源,其举手投足、所思所想都会影响学生的道德成长,这也就要求教师具备表里如一、知行合一的道德品质。人工智能时代到来之前,教师的一举一动还很难被他人全部知晓,尤其是非教育场合的一些有悖师德的行为还可以得到掩饰。但是,在人工智能时代,让"全民的全面监控"成为真实的生存境遇,任何人的任何行为都无法摆脱人工智能全方位、全过程和全时段的追踪、记录和监视,教师也无法从中"逃离"。这时,如果教师在学生面前的表现和私下生活中的行为大相径庭,在道德要求上奉行双重标准,出现"言而不信、言而不行"的道德行为,一旦被网络媒体披露,或被学生通过大数据、人工智能等技术捕捉和知晓,其在学生心目中的威信和道德形象就会崩塌,教育的效果也随之大打折扣。

二、角色转型

随着社会经济的转型和智能技术应用方式的变革,教育系统人才培养需要满足社会对人才的迫切需求,并注重培养学生的高阶思维能力和核心素养,以应对未来社会生活和职业挑战。同时,各种技术在教育系统中的深入应用也将导致教学环境、教学方式和管理方式的变革,进而推动教育主体观、交往观、知识观的转变,助力教育生态的系统性变革与重塑。这些变化将导致未来教师角色的转变。

（一）教育教学视角的角色转变

从教育的角度来看,教师角色的转变体现在教学目标、教学内容和教学方法等方面的变化上。在教学目标上,技术促进了社会生产力的发展、产业结构的转型和人机分工的重组,这些对人才的培养和教师教学提出了新的要求,要求教师从灌输者转变为引导者;教师应注重启发学生、帮助学生独立构建知识和促进学生认知发展,要注重学生能力、思维和个人潜能的培养,尤其要注重学生高阶思维能力的培养。在教育内容上,教师不再依赖具体的教材和具体的内容,需要根据学生的情况和需求,结合各种资源,设计和开发主题鲜明的模块化课程,成为课程的设计师和规划师。在教学方法上,教师应更加注重对学生学习过程的精准支持和指导,充分重视学生学习的主动性。

(二)学习服务视角的角色转变

基于学习服务视角的教师角色转变主要聚焦于教师在学生学习活动过程中所扮演的角色。智能技术推动学生走向人机协同的深度学习,学生成为研究者、探索者,在学习过程中需要逐步培养自身的高阶思维能力。基于学生学习方式的转变,教师在学习服务提供方面也需要进行相应的转变。在学习组织过程中,教师需要基于学生学情和个性化需求,灵活选用教学方式;在学习过程中,教师需要成为学习活动的指导者、协作者,促进学生深度学习的发生,同时适时为学生提供答疑辅导、认知辅助和情感沟通等服务。值得注意的是,在整个学习服务过程中,教师需注重对学生的情感关怀和价值观引领。

(三)技术应用视角的角色转变

从技术应用视角来看,教师将从传统工具的使用者转变为技术协同者。智能导师、智能教具和智能学习伙伴等教育智能体将与人类教师共同承担教育教学工作。在技术和教育二者相互促进和协同发展的背景下,教师不仅要成为技术的应用者,还要能够挖掘智能教育的潜力,促进技术与教育的深度融合应用。在智能技术和社会道德层面,教师需要合理应用技术开展教学工作,避免因技术误用、错用、滥用等造成伦理道德、隐私安全等方面的问题,成为技术合理应用的示范者、引领者和责任者。

(四)主体属性视角的角色转变

在推进教育生态系统化改革的过程中,智能技术对教育组织、教学环境、教学方法和教学活动的影响促进了教师主体属性的转变。在人工智能时代,教师在教育教学活动中不仅是作为个体与学生群体之间进行沟通与互动,更是以智能代理人的身份在教学活动中广泛介入,这意味着教师的教学从个体走向群体。人人、人机教学共同体的出现,扩展了教师的主体属性,使教师成为教学共同体的深度参与者。教师将从单一的教师个体转变为与社会、企业和学校合作的教学共同体,最终走向人机协同的教育智能体。

在教师教学方面,人工智能时代对教师的教学方法、教学模式和教学策略等提出了更高的要求。教师要能掌握一定的人工智能技术,并能运用其开展教学活动。在教师专业发展方面,教师要能够借助人工智能开展自主学习或合作研修,促进自身专业成长。在人智能时代,教师的工作内容和工作重心都会发生转变,在人工智能赋能下,教师的工作内容需要重新进行划分和确认,技术释放了教师繁重的事务性工作,使教师"教书育人"的本质属性得以彰显与实现。

三、角色定位

北京师范大学未来教育高精尖创新中心在人工智能教育应用领域进行了一系列研究,并启动了"人工智能时代的教师"国际合作研究项目。该项目建立了教育大数据平台,收集全过程学情数据,全面模拟青少年儿童的知识、情感、认知和社会网络的发展过程;通过数据精准了解儿童、青少年发展的一般规律和个性特征,实现自然语言交互形态的"人工智能时代的教师"服务。基于学习过程所有数据的教育智能平台为每位教师提供智能云助手,并希望它能达到人类超级教师的水平,完成一些连优秀教师甚至特级教师都无法完成的任务,以减轻教师的压力和工作量。[①]

(一)学习障碍诊断分析专家

人工智能教师的第一个角色是成为学习障碍诊断分析专家,它可以帮助人类教师和家长发现学生在学习过程中隐藏的问题,并及时给出反馈和解决方案。例如,它可以绘制学科知识图谱,并在知识图谱中标记学生的学科能力,即标记学生在每个核心概念上必须达到的学科能力(如简单设计能力、复杂推理能力、系统探究能力等),并根据标记建立学生的学科能力模型;然后,通过分析学生的学情数据,模拟学生对某一具体学科知识的掌握程度(如不合格、合格、良好、优秀、卓越等),并以此提出个性化的建议。图 4-1 展示的是学生对"元素"这一核心概念的掌握情况的知识图谱。

---

① 宋海龙,任仕坤.从教育要素的视角看人工智能对教育的冲击[J].理论界,2019(8):96—102.

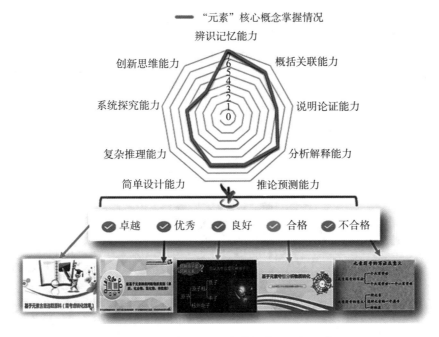

图 4-1 "元素"核心概念掌握情况知识图谱

（二）问题解决能力提升助手

人工智能教师的第二个角色是成为提升学生问题解决能力的助手，它可以设置全面的学习项目，并随时评估学生实际问题解决能力的发展，从而提高学生的综合素质。人工智能在评估学生时，除了评估其对所学知识的掌握程度外，还要评估和判断学生在遇到实际问题时的问题分析能力、策略形成能力、高级认知能力等。人类教师在教学过程中将知识融于现实问题，通过提供的问题情境材料，建立一个开放的虚拟环境让学生解决实际问题。当学生解决问题时，人工智能将模拟和计算学生的认知能力、计划执行能力、实践操作能力、结果整合能力、知识迁移能力和问题表征能力等，最终根据学生在问题解决过程中表现出来的能力特征，形成学生问题解决能力测评报告。该报告可为学生发展和人类教师教学提供参考，图 4-2 展示的是问题解决能力测评报告样例。

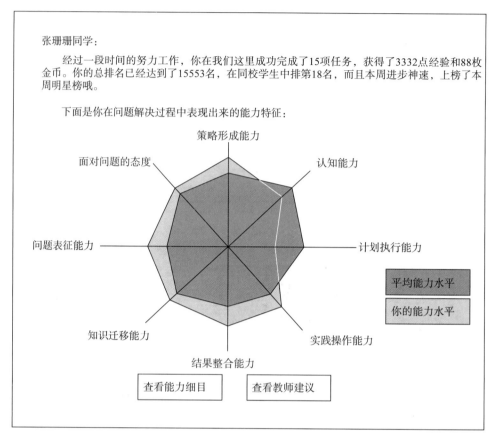

张珊珊同学：

经过一段时间的努力工作，你在我们这里成功完成了15项任务，获得了3332点经验和88枚金币。你的总排名已经达到了15553名，在同校学生中排第18名，而且本周进步神速，上榜了本周明星榜哦。

下面是你在问题解决过程中表现出来的能力特征：

图4-2 问题解决能力测评报告样例

（三）智能个性化教学指导顾问

人工智能教师的第三个角色是成为智能个性化教学指导顾问。基于泛在学习环境的学习资源模型——学习元可以为实施因人而异、因势利导的智能个性化教学提供帮助。根据学生历史学习数据建立的学习资源模型，不仅可以推荐符合学生需求的知识，还可以推荐知识背后相应的支持服务和人际网络，实施因人而异的个性化学习计划，以便进行精准诊断和智能推荐。图4-3展示了基于学习元的个性化学习网络。在将学生的学情数据可视化之后，就可以形成清晰的知识图谱，以此定制和推荐学生所需的学习内容和相应的合作伙伴，并结合综合学习质量评估报告，为学生提供全面的实践指导和发展指导。

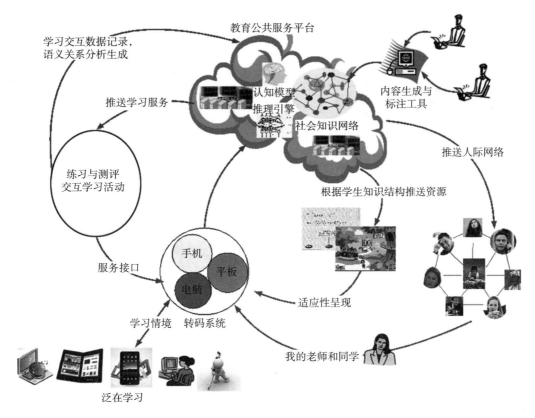

图 4-3　基于学习元的个性化学习网络

（四）精准教研活动互助同伴

人工智能教师的第四个角色是精准教研活动互助同伴，帮助人类教师发现教学问题，实现学习同伴的相互提高。人工智能时代的教学研究将由形式单一、经验主导、小范围协调的方式向大规模协同、数据及时分享并深度挖掘的精准教研转变，图 4-4 展示了精准教研实施流程：首先，多维数据分析平台收集教师备课、听课、评课、课例分析、班级知识图谱等数据；其次，基于数据分析教师在教学方法、学科知识和技术知识等方面存在的问题；再次，对照教师的整合技术的学科教学知识（TPACK）架构，通过该架构准确诊断教师在教学过程中存在的问题；最后，提供精准的培训课程和基于问题的参考案例。

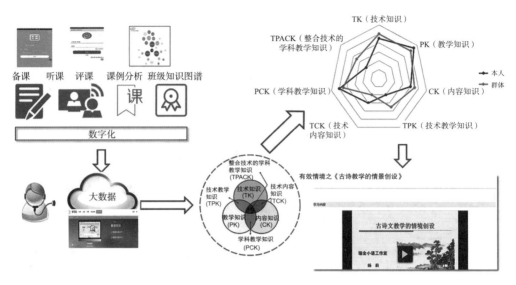

图 4-4　精准教研实施流程

（五）数据驱动的教育决策能手

人工智能教师的第五个角色是数据驱动的教育决策能手,为现代教育的智能化管理提供基于数据的决策。面对未来越来越复杂的教育实际情况,单靠经验很难平衡好多主体相互作用的复杂关系。利用大数据系统,我们可以模拟真实社会和真实教育系统的情况,并对各种参数进行调整和优化,观察教育系统演化的结果,以找到教育实际的痛点问题,及其解决方案,从而作出科学的决策。这种情况下,如果再加上管理者的知识和经验,可以使教育决策更加科学。借助大数据实现数据驱动的教育决策,是目前教育领域非常前沿、极受关注的研究热点,是未来教育管理、教育政策研究的新范式。

第二节　人工智能时代的教师素养

以人工智能为代表的新兴信息技术推动当今社会向智能化社会发展,不仅引发了人才需求的变化,也在重建学习环境,从感知、知识和认知三个层面引发了教学过程的变化,促进了人机协同教育的发展。[①] 未来教育的重建与改革对教师素养提出了新的要求。

---

① 沈东.人工智能时代职业教育人才培养创新研究[J].大陆桥视野,2018(11):78—79,82.

目前的教师信息技术应用能力框架已不能满足人工智能时代教师角色转型的要求。从人工智能时代教师的定位出发,审视人工智能时代教师的素养需求,我们可以发现,人工智能时代的教师必须具备五种基本素养:技术素养、教学素养、专业素养、数据素养和伦理素养。①

一、技术素养

以人工智能等技术为支撑的教学环境的变革、教学活动的变革,以及技术对社会和教育的促进和影响,都要求教师具备技术素养。技术素养是教师运用技术开展教学活动的基础,是教师使用未来教育产品、应用未来智能设备的基本前提。面对技术不断发展的不确定性,教师需要从底层理解技术的本质,理解技术发展的逻辑,明晰技术的教育职能和可能,在教育活动中理性认知、合理应用。

二、教学素养

人工智能逐渐取代重复和机械的人类劳动,"侵蚀"了人类在社会生产和生活中的作用。技术对生产力的解放使未来的社会分工逐渐走向新的模式,未来教育也必然要与之相适应。为了进一步提高现在教育人才培养目标与未来社会对人才的要求的匹配度,教师要从原来的"以教为中心"转向"以学为中心",教学活动要倾向于探索、合作、启发、引导、体验和实践,注重学生自主学习能力、认知能力和问题解决能力的培养。同时,人工智能在教育中的应用将使学生未来的学习环境更加智能化。教育机器人等将成为学习环境中新的构成要素。学习环境的时空边界将进一步扩大,将会有全面感知的学习场所、灵活创新的学校布局和深度互动的网络空间。未来教学的形式将发展成为虚拟现实教学、远程协同教学、多元互动教学、感知适应教学、数据导向学习、智能控制教学等。未来,教师只有具备设计和实施各种创新教学活动的能力和素质,才能满足未来教育对教师的要求。

---

① 郭炯,郝建江.智能时代的教师角色定位及素养框架[J].中国电化教育,2021(6):121—127.

三、专业素养

随着人工智能在教育领域的深度参与,教育教学正变得多样化、智能化。在教学内容方面,虚拟现实技术、增强现实技术和混合现实技术支持下的真实和虚拟相整合的教学资源进一步得到丰富和扩展。以智能导师、智能伙伴和教育机器人为代表的新型教学工具已成为教学环境的重要组成部分。在5G、区块链、人工智能等技术的支持下,家庭、教育机构、企业等社会资源逐步实现了与学校教育资源的深度互联、系统集成和共享应用。在教学应用方面,借助大数据、学习分析和边缘计算等技术,人工智能时代的教育教学可以通过对个人应用和用户群的深度挖掘,实现智能推荐和快速资源响应,提高教学活动的适应性。此外,人工智能时代创新教育教学活动的设计和开发要求,教师要有充分利用各类数字化资源实现基于学习需求的系统整合和设计的能力,以及要有避免技术的过度依赖下资源筛选和应用的能力。因此,教学内容和教学方法的拓展和变革要求教师具备智能化教学的专业素养。教师借助人工智能,实现跨学科、跨学界资源的整合应用和人机深度交互,是其应对未来教育挑战的有效手段。

四、数据素养

以大数据、物联网和人工智能为支撑的数据收集、分析和应用,为教育教学的学情分析、学习评价、教学设计、资源推荐、个性化学习和其他教育教学活动提供了支持。人工智能时代的教育管理也正是有了数据支持,才能朝着基于数据的智能管理方向发展。未来教师应能充分利用学情数据进行精准化备课、差异化教学、多样化评价、个性化服务和高效化管理。同时,在使用技术挖掘和分析教育数据的过程中,教师也不要过度依赖技术,不能完全摈弃个人判断,需要运用自己的思维和经验,避免在技术的过度干预下产生数据偏见和异化。如果教师想要根据教学管理需要,选择适当的方式收集相应的数据,做好精准化的教学管理,就需要其具备一定的数据素养。

五、伦理素养

智能技术在教育应用中引发的社会道德、隐私安全、公平使用等问题需要教师特别关注。教师应以合理、恰当的方式应用人工智能产品,避免过度依赖技术而导致专业能力弱化。同时,在教学过程中,教师还必须引导和规范学生对技术的应用,以避免学生过度依赖技术可能带来的思维惰性、能力弱化及道德安全风险。此外,教师还必须努力让每位学生享有应用技术的同等权利,避免因技术造成的性别歧视、文化歧视等。

第三节 人工智能时代的精准教学

一、迎来的机遇

知识链接

人工智能始于 20 世纪 50 年代。随着计算智能和感知智能的发展,它正迅速走向认知智能。计算智能和感知智能在教学中的应用还非常局限,但具有复杂多功能系统的认知智能正在以不可抗拒的力量实现整个教学过程的智能转换和重构,为教学提供前所未有的发展机遇。[①]

(一)精准高效的课堂变为现实

如何提高教学效率一直是教育领域的一个基本问题,而利用人工智能技术可以在多个方面提高教学效率,使精准高效的课堂成为现实。

1.精准定位教学目标

教学效率低下的一个重要原因是教学目标定位不精准,从而导致教学过程随意、盲

---

① 孙子建,田海青.人工智能视域下新时代教学改革的"变"与"守"[J].计算机时代,2019(9):80—83,87.

目,教学时间多,但教学效果一般。为了精准地确定教学目标,一方面,我们必须了解学生现有的知识和能力储备;另一方面,我们还必须预见在规定时间内学生知识和能力的发展程度。虽然教师可以通过自己的教学经验和其他传统手段掌握学生的学情信息,但其精准度和清晰度都不是很高。人工智能技术中的教育数据挖掘不仅可以分析个人数据和学生技能的发展,如学习状况、学习方式、学习动机和认知能力,而且可以分析整个班级的整体特征,如学习态度、课程内容接受度、学习工具与学习方法的有效性等,以便教师能够清楚地了解全班学生的一般特征和能力,并据此确定精准教学目标。此外,人工智能还可以通过数据建模发现学生的学习成果与学习动机、学习资源和教学行为等变量之间的相关性,从而预测学生通过教学活动所能达到的水平。通过这种方式,教师可以根据预测将其教学目标锁定在学生的"最近发展区",以避免制定脱离学生实际的教学目标。

2. 精准选择和使用教学内容

人工智能时代知识和信息迅速增长,尽管大大拓展了课程资源,丰富了教学内容,但教师如果缺乏挑选适合学生学情的高质量教学内容的能力,就很可能陷入海量繁杂的知识信息之中举步艰难。特别是在互联网迅速发展的背景下,具有多源分布、无序、不完整、隐喻等特点的碎片化知识铺天盖地,这给教师在教学内容方面提供了更多选择,但同时也为其如何精准选择带来很大困扰。而人工智能知识计算引擎与服务技术,通过知识加工、深度搜索和可视交互等技术途径,实现对知识持续增量的自动获取,具备概念识别、实体发现、属性预测、知识演化建模和关系挖掘能力,形成涵盖数十亿实体规模的多源、多学科和多数据类型的跨媒体知识图谱。这意味着教师可以借助人工智能从大量杂乱无章的知识信息中准确地选择对学生的发展有用的知识。同时,人工智能可以以多种方式整合知识,找出知识之间的联系点,确定相关知识学习的重点和难点,以便帮助教师准确分配教学时间,制订教学策略,提高教学效率。

3. 精准调控教学过程

低质量的教学活动往往与教学过程中对教学内容无意义的简单重复有关。为了找到最佳教学进度并对其进行精准调控,教师不仅需要了解学生现有的知识、经验和能力,而且需要检测其当前的学习行为,预测其未来的学习表现。利用人工智能技术对学生行为建模能够分析学生的表现、排除潜在的误区、确定学生已经获得的知识、呈现适合学生的学习目标和计划,并且可以持续跟踪教学过程,对学生的知识、技能、学习风格和兴趣进行动态评价。这可以帮助教师设计出井然有序的教学环节,让每个步骤都有针对性,避免重复、无效的教学行为;也可以预先考虑到教学过程可能遇到的问题,使教师可以针对问题提前采取应对策略;还可以通过实时监测学生的学习行为、获知教学策略的有效程度来帮助教师及时调整教学。

(二)个性化定制教学成为可能

长期以来,因材施教一直是课堂教学中的一个难题。在课堂实践中,教师很难准确地了解每个学生的个性特征,也无法为学生提供满足其个性需求的内容、活动、方法和评价。[①] 而随着人工智能技术的飞速发展,个性化教学有了实现的机会。

1.精准分析学生特征

学习分析技术能够清晰地展现不同学生的特点,包括不同的知识基础、能力水平、认知风格、学习风格等。以阅读和写作为例,教师能在学生将有关课文朗读、语言发音的作业以音频格式提交以后,迅速对学生的学习状况、阅读能力作出判断;通过对学生的文本写作进行词法分析、文本相似度计算、评论观点抽取等,教师能详细了解学生的写作水平。人工智能还可以通过人脸检测和比较、眼部、手势识别技术收集和分析学生的学习行为、面部表情等数据,进而感知学生情绪和态度的变化,这为教师掌握学生的个性特征提供了依据。[②]

2.提供个性化学习内容

推送技术可以为学生提供个性化的学习内容,以满足不同学生的发展需求。具体来说,一是精准把握学习内容的难易度。当我们发现学生因为他们的知识储备或能力水平不够,而不能很好地掌握所学知识时,人工智能可以提供降低难度的学习内容,使其尽量与学生当前的发展水平成正比。二是精准把握学习内容的数量。人工智能可以根据学生单位时间获得知识的情况动态增加或减少学习内容,不会让学生重复学习已经掌握的

---

① 邓凡.人工智能时代大学人才培养研究[J].学术探索,2019(9):143—150.
② 万力勇.适应性 E-Learning 系统:现状与趋势[J].现代教育技术,2011,21(9):94—97.

内容。三是精准把握学习内容的呈现方式。由于每个学生的认知风格、学习方法和兴趣不同,他们对学习内容不同的呈现方式会有不同的适应性。人工智能可以根据学的认知特点选择合适的内容呈现方式,使学生能够以自己喜欢的方式学习知识。

3. 不断优化学习过程

自动调节学习系统可以根据学生的特点从学习路径选择、学习路径流程和学习路径调整几个方面来优化学习过程,实现个性化学习。从学习路径选择来看,人工智能可以根据学生的认知风格和学习偏好分配和选择不同的路径,如视频学习、文本学习、互动辩论和评测练习;从学习路径流程来看,学习进度可以根据学生现有的知识和认知能力来组织和安排,如学生现有的观察能力、记忆能力、归纳推理能力、信息处理速度、元认知能力等;从学习路径调整来看,根据学习难度和学习状态实时评估学生的学习内容,并相应地动态更新学习过程,以便为学生匹配最合适的学习路径,使学习活动的开展真正成为学生根据自己的需要选择、设定自己的学习节奏的过程。[①]

(三)虚拟教学情境真实感更强

学校教育的一个重要职能是传授间接经验,优点是能在短时间内向学生展示人类几千年积累的知识和经验,缺点是直接经验的获得有限,这不仅影响学生直接经验的获得,也削弱了学生基于真实情境开展认知活动的体验感。利用人工智能虚拟技术创造的虚拟情境,可以提高学生的直观感受,使他们更好地理解和体验世界的多样性和复杂性。

借助于虚拟技术,学生的认知可以得到拓展和强化。例如,虚拟技术不仅可以在保持内部结构不变的基础上,把那些用肉眼无法直接观察到的微观世界物质放大,使学生能够清楚地看到和理解其结构特性,而且可以模拟宇宙全景,便于学生直观感受宏观世界的浩瀚和神奇。学生在虚拟世界中,各种感官会同时被激活,这不仅增强了学生的直觉感受,使他们更好地理解世界,也让他们能够获得在现实世界难以获得的体验。在虚拟世界中,学生可以不受书本和课堂的限制,"进入"到现实生活的"真实"情境中,在教师的指导下参与各种实践活动,通过亲身体验和学习各种技能,提高实践能力。特别是基于虚拟技术的智能建模,可以使虚拟对象、虚拟环境和用户之间进行自然、连续和深入的

---

① 陈凯泉,沙俊宏,何瑶,等. 人工智能 2.0 重塑学习的技术路径与实践探索:兼论智能教学系统的功能升级[J]. 远程教育杂志,2017,35(5):40—53.

交互,使学生具有身临其境的现实感。虚拟技术所创造的虚拟时空有望连接学科世界与现实世界,使学生能够形成对世界完整的认识和对生活的真实体验。图 4-5 展示了虚拟教学情境。

图 4-5　虚拟教学情境

二、面临的挑战

人工智能以其高度智能化的技术为教学提供了前所未有的发展机遇,但与此同时,也给未来教育的发展带来了挑战。[①]

(一)教学价值的取向单一

从教育目标来看,人工智能主要是帮助发展学生的智力,而不是培养情感、态度、意志和价值观。通过借助人工智能技术对学生的学习基础、学习动机和学习能力进行数据挖掘,可以有效地开发学生的智力,但并不能促进"学生作为一个完整的人"。尽管人工

---

① 谭平.人工智能时代课堂教学的机遇、挑战与对策[J].云南开放大学学报,2020,22(4):12—17.

智能可以帮助教师清楚地了解学生的"最近发展区",但主要是认知能力的"最近发展区",而忽视了情感、意志和态度方面。即使某些数据涉及情感、意志和态度,也只是为了辅助教师了解学生的认知能力状态及如何更清楚地确定认知能力发展目标。

(二)师生关系的两极分化

在人工智能时代,教育中的师生关系可能走向两极。一极是教师成为教学的绝对控制者,学生成为被严格控制的对象。[①] 智能教育系统具有高度智能的分析和决策能力,它可以捕捉学生在学习过程中的细微变化并提醒教师有针对性地进行干预。这意味着学生在学习过程中将受到教师严格的控制。师生关系的另一极是教师在教学中可有可无,学生可以在人工智能的自适应学习系统中独立学习。通过该系统,学生可以根据自己的知识基础、学习风格和认知发展特点,获得学习目标和学习内容。在学习过程中,该系统还可以根据学生的不同学习风格调整教学过程,包括改变学习内容的呈现顺序、隐藏与学生学习风格不匹配的学习对象、注解学习重难点等,并在此基础上为学生推荐最适合的学习方法。也就是说,教师可以不用参与学生的整个学习过程。教师对学生温暖细心的情感关怀、耳濡目染的言行示范、潜移默化的支持教导几乎不复存在。

(三)虚拟教学的双重效应

虚拟教学既有积极的影响,也有消极的影响。一方面,虚拟教学情境的沉浸性、互动性和想象性可以让学生在虚拟世界中观察和探索认知对象,与虚拟对象互动,不受时间和空间的限制,获得丰富、直观的体验。另一方面,虚拟教学情境也隐藏着危机。在虚拟的三维世界中学习,可以加强学生的沉浸感,但这种感觉是对虚拟场景的感觉。如果学生长时间沉浸在"真实"的虚拟场景中,他们可能无法区分虚拟世界和现实世界。虚拟教学情境为学生与虚拟对象的互动提供了非常便利的条件,学生无忧无虑,愿意参与其中,展示自己的能力。但无论现实感多么强烈,虚拟世界中的交流仍然不同于现实世界,在虚拟世界中学会的技能,可能永远无法运用于现实世界。因此,尽管虚拟教学情境可以让学生超越时空、进入天地、穿越古今,但这种虚幻的"真实"很可能让学生在增长见识的同时,也在现实世界中迷失自我。

---

① 肖启荣.人工智能时代教学变革的"三维一体"[J].教育理论与实践,2020,40(13):61—64.

三、关系的重构

当人工智能给教学带来的挑战不可避免时,我们既不应视而不见,也不应悲观拒斥,而是需要重新思考:究竟如何应对。其中,如何理顺人工智能与教师专业发展的关系、人工智能进入教学后的师生关系、教学虚拟世界与现实世界的关系是我们首要关注的问题。

(一)人工智能与教师专业发展的关系

随着人工智能的发展,"人机协同"将成为未来一种新的教学方式。教师想要更好地处理这一问题,不仅要发挥主观能动性,理解人工智能,还要协调好人机分工,促进人机深度融合,合理分配教学任务。首先,教师要主动了解人工智能,敢于大胆运用人工智能完成教学任务,掌握运用人工智能技术分析教学实践的方法。其次,教师还需要与其他教育工作者积极探究人工智能在教育中的有效应用方式。最后,教师还应实时关注各类人工智能的最新研究成果和发展趋势,以获取人工智能在教育领域应用的第一手资料,更好地掌握人机协同教学的方法。

在未来的人工智能时代,从人类和机器人的关系的角度可以把工作分为四类:人类可以做但机器人可以做得更好的工作;人类不能做但机器人可以做的工作;人类想做但不知道怎么做的工作;只有人类才能做的工作。对于一项教学任务,教师必须先进行分析,然后根据一定的指标进行合理的分工。比如,根据任务的性质进行分工,重复性、繁重性、机械性的工作可以通过机器人完成。或者根据人类和机器人完成任务的效果进行分工,人类可以完成但机器人表现更好的任务可以交付给机器人。值得注意的是,尽管机器人不能完全取代教师,但它将在教师群体产生适者生存的运作机制。所以在未来,善于运用人工智能进行教学将是优秀教师的必备能力。

(二)人工智能进入教学后的师生关系

对于人工智能进入教学后的师生关系,一方面,教师应避免通过人工智能强化自己的权威,对学生实施严格的控制。借助人工智能,教师可以更准确地理解和分析学生的言行,更精准地实施教学,但教师若无意中将学生置于自己的控制之下,就会使学生失去自主性。为了避免这种情况出现,教师需要树立正确的学生观和技术观。学生作为具有自主意识的人需要通过教学使其得到进一步的发展而非受到压制,在教学中运用人工智能不是为了维护教师的绝对权威,而是为学生的自主发展提供更多的途径。

另一方面,教师也不能将他们在师生关系中的角色和责任完全转移给人工智能。从目前人工智能的发展速度来看,教师的许多教学工作可以被人工智能所取代,如收集知识信息、分析学习状况、选择教学策略等。然而,教师的责任不仅在于"教学",使学生更快更好地获得知识和技能,还在于"育人",培养学生的世界观、人生观和价值观,提高学生的精神境界。"教学"可以通过人工智能来优化和完成,但"育人"离不开教师的言传身教。在人工智能时代,我们需要关注的焦点不是教师的地位是否会被人工智能所取代,而是教师如何在与学生的沟通交流过程中,更加富有人文关怀和人格魅力,从而更好地承担起人工智能无法承担的责任。

(三)教学虚拟世界与现实世界的关系

尽管越来越发达的虚拟技术使得虚拟世界与现实世界的界限越来越模糊,但即使是最真实的虚拟世界也只是对现实世界的模拟和扩展,现实世界仍然是虚拟世界的源泉和基础。因此,教师在教学中运用虚拟技术的最终目的是帮助学生更好地理解现实世界。无论虚拟世界多么迷人,它只是学生了解现实世界的工具。学生对现实世界的理解可以通过虚拟世界来扩展和深化,但不能通过它来取代学生对现实世界的体验。学生也可以通过虚拟世界探索解决实际问题的方法,但问题的最终解决必须回到现实世界。否则,即使学生在虚拟世界中学习了很多知识和技能,但他们仍然无法在现实世界中应用。也就是说,尽管学校可以通过大量引进人工智能等技术,努力为学生创造一个高度智能化的虚拟世界,但学校教育必须明确:教学的最终目标是让学生了解现实世界,并在现实世界中成长。

四、精准教学

20世纪中叶,美国学者奥格登·林斯利最早提出了"精准教学"的概念,引入变速图表,用手工的方法记录、分析学生在课堂中的学习行为表现,并利用人工分析获得的数据,辅助教师在课堂中作出教学决策。早期的精准教学以行为主义学习理论作为指导,比较适用于数学等学科的教学,并取得了一定的效果。但是精准教学在后期推广的过程中,由于人工记录分析的方式很难及时处理越来越多的课堂教学数据,产生了共享性、易用性不足的问题,其发展受到了限制。近年来,随着人工智能、大数据和移动网络技术快速发展,基于信息技术的学校教育教学改革不断深化,有关"精准教学"的研究又成为教育研究者青睐的热点之一。同时,精准教学的内涵不断丰富,信息时代的特征也更加明显。[①]

(一)精准教学的内涵

由精准教学的发展历程可以看出,从林斯利提出精准教学到现在国内外学者热衷于对精准教学教育价值的挖掘,在此期间,精准教学经历了衰落和重新崛起的过程,究其原因,最重要的影响因素是在精准教学过程中有无技术的加持。近年来,随着信息技术在精准教学中介入的程度越来越深,范围越来越广,技术"精准"的作用和优势发挥得越来越明显。在精准教学的研究和实践中,信息技术已经不可或缺,因此,本书中讨论的精准教学是指信息技术支持下的精准教学,以下不再赘述。

目前,国内对精准教学研究较为深入的有华东师范大学祝智庭教授团队和江苏师范大学杨现民教授团队,他们对传统精准教学的内涵进行了拓展,将信息技术要素引入精准教学,提出了信息技术支持下精准教学的新定义。信息技术支持的精准教学是一种旨在借助信息技术实现高效减负的个性化教学方法,通过采用适当的技术,生成个性化的精准教学目标,开发适切的教学材料,设计适宜的教学活动进行教学,并且频繁地测量与记录学生的学习表现,以精确判定学生当前存在的问题及潜在问题,针对判定的问题,采用适当的数据决策技术对教学策略进行精准的优化和干预。[②] 祝智庭教授认为,精准教学需要做到目标、问题和干预三个方面的精准。教师通过采集和分析学生的学业数据,制订符合学生个性化特征的精准目标,并在学生解决真实问题的过程中,实施精准的干预。同时,祝智庭教授还从课堂教学数据的记录、分析和决策等三个要素总结了精准教学过程中进行教学决策的方法,并指出精准教学的价值和意义在于支持每一个学生对所有知识点或技能的掌握。

---

① 潘巧明,赵静华.区域精准教学改革实践的探索与研究:以丽水市精准教学改革实践为例[J].电化教育研究,2019,40(12):108—114.

② 彭红超,祝智庭.面向智慧学习的精准教学活动生成性设计[J].电化教育研究,2016,37(8):53—62.

综上所述,精准教学是在大数据技术的支持下,以学生学习为中心,通过对学生学习状况的精准分析,进而精准确定教学目标、精准开发教学资源、精准设计教学活动、精准实施教学干预、精准进行教学评价,最终帮助教师精准作出教学决策的教学方法。[①]

(二)精准教学的特征

精准教学强调详细、全面地掌握每个学生的学业情况,并在此基础上进行精准的教学设计,通过精准教学活动的实施,提高课堂教学效率,实现课堂教学的精准化和个性化。精准教学有以下四个方面特征。

1. 教学目标"精"

布卢姆认知目标分类体系将学生对知识的获取分为初级认知和高级认知两个层次,初级认知是对知识的记忆、理解和简单应用,高级认知是指学生可以对知识进行分析、评价和创造。教学目标的"精"要求学生能够聚焦学习资源和掌握认知能力,通过对知识的记忆、反思、应用、评价和创造,全面深入地解决一些复杂问题。"精"是一个由初级认知到高级认知发展的连续性认知过程,对于学生来说,就是完成知识的习得、内化和迁移。

2. 教学实践"准"

教学实践的"准"是精准教学理论框架的应用层面,在教学过程中,如果想要促进学生将已经内化的抽象概念、知识继续发展,学校和教师就必须提供"准"的应用环境,让学生用抽象的概念和知识去解决实际问题。"准"的教学实践可以在学科内、跨学科和真实情境下进行,要求教学内容的设计和教学活动的安排必须和学生的生活实际相联系,让学生进一步将知识关联内化,形成一个可以长期存储、快速提取的图式。

3. 教学交互"互动"

精准教学模式下师生之间教学交互"互动"相比传统教学更为密切,具体表现为精准的教学干预。精准教学最大的优势在于教师能够精准把握学生在学习过程中遇到的具体问题,并根据这些问题进行精准的教学决策或有针对性地提供教学服务。教师在教学

① 赵静华,潘巧明,王志临.希沃教学平台在小学语文核心素养精准教学中的应用研究[J].丽水学院学报,2020,42(1):99—103.

过程中依靠数据决策,并根据"干预-反应"模型实施不同强度的循证干预,以此及时纠正具有学习风险的学生存在的学习问题,达到教学交互的精准。

4. 教学评价"精准"

与传统教学简单的分数评价(如成绩)和模糊的经验评价(如优、良、中、差)不同,精准教学理论框架下教学评价的"精准"体现在全员、全过程和全方位的实时性评价。精准教学评价依赖于学习行为数据采集和分析技术,有了数据支撑,精准教学评价不仅可以分析和反馈学生当下的学习行为表现,还可以对学生在未来一段时间的学习表现进行预测,进而根据预测结果提出相关的改进建议或学习对策。

(三) 精准教学的实践

近年来,国内的研究者开始结合我国教育现状探索精准教学的理论框架。华东师范大学祝智庭和彭红超较早地提出了信息技术支持下的精准教学模式,并确定了精准教学的四个环节。浙江大学丁旭和盛群力通过对国际教育领导研究中心创始人兼董事长威拉德·达格特提出的精准教学框架理论进行释义,分析了精准教学框架在教学活动设计、教学过程设计中的具体应用,提出了精准教学框架下有效教学的新视域。本书在继承和发展建构主义学习理论核心精髓的基础上,认为精准教学应更加在教学过程中密切关注每个学生的发展状况,并应遵循两个基本原则:一是以每一个学生的学习为绝对核心,高度重视学生的个性化和差异化发展;二是在精准教学各环节中最大限度发挥信息技术优势,信息技术的支持贯穿精准教学始终,避免由于技术缺失又进入早期精准教学的发展颓势。由此,我们提出精准教学实践指导框架,如图4-6所示。

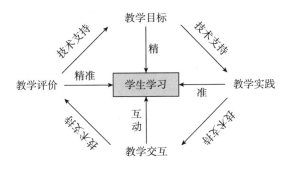

图 4-6　精准教学实践指导框架

由上述理论框架可以看出,精准教学聚焦学生学习,将课堂教学划分为制定精准教学目标、开展精准教学实践、进行精准教学交互和实施精准教学评价四个主要环节。

1. 制定精准教学目标

制定精准教学目标是精准教学实施的前提,要求目标的制定必须符合每个学生的个性化特征,为此要充分利用信息技术开展学情分析,利用大数据分析技术掌握学生已有的知识基础,判断学生的学习能力,根据最近发展区原理精准确定教学目标。

2. 开展精准教学实践

根据制定好的教学目标开展精准教学实践是精准教学的核心。教学实践要突出"准"。在精准教学课堂中,教师要充分利用信息技术及时收集数据,根据采集到的学生学习行为数据,掌握班级中每个学生的真实情况,并有针对性地制作教育资源、选择教学方式及开展针对性教学活动,为学生创设一个更为真实、有意义的学习情境。

3. 进行精准教学交互

在精准教学实践过程中,教师根据学生的学习行为表现和实时学习行为数据对学生的学习活动进行干预是精准教学实施的关键,教师的精准干预是精准教学交互中"互动"的重要体现。频繁的"互动"让学生个性化学习始终成为课堂教学的中心。

4. 实施精准教学评价

经过大量学习数据的汇集,教师可以获得精准的数据反馈,这些数据以分析报告的形式反馈给教师,教师可以以此进行精准的教学评价。教学评价的"精准"是精准教学持续进行的保障,精准教学可对采集到的学生学业数据和数据分析的结果进行处理,生成可视化的学习报告。学生通过学习报告,可以明确自己的学习薄弱点,进行自我补足和完善,提高学习效率。[①]

精准教学理论框架陈述的是一个循环系统,在技术的支持下,以学生学习为中心,不断开展课堂精准教学实践的过程。

---

① 潘巧明,赵静华,王志临,等. 从时空分离到虚实融合:疫情后精准教学改革的再思考[J]. 电化教育研究,2021,42(1):122—128.

第四节　人工智能时代的教学案例

如何在人工智能的助力下组织课堂教学,使中小学课堂教学更加精准高效呢? 我们需要探究出一套完整的精准教学设计模式。下面以上海教育出版社出版的《数学:七年级 上册》中《三元一次方程组及其解法》的教学为例,探究利用智慧课堂平台在初中数学新授课中实现精准教学的过程。

一、学情分析

学生已经学习了二元一次方程(组)的概念和解法,理解了解二元一次方程组的基本思想是消元,掌握了代入消元法和加减消元法两种常见的消元方法,可以独立解二元一次方程组。但有部分学生对解方程组的基本思想理解得并不透彻,只是机械地记住了二元一次方程组的具体解法,这对三元一次方程组及其解法的学习造成了很大困扰,学生也无法将消元的思想拓展到更多元的方程组的求解中,不利于学生数学思维的培养。

二、教学目标

(1)掌握三元一次方程组的概念。

(2)巩固对消元思想的理解。

(3)能类比用消元法解二元一次方程组探究三元一次方程组的解法。

(4)学会用不同的消元法或消不同的元解同一个方程组,尝试多角度、多方法解题。

三、教学重难点

（一）教学重点

掌握三元一次方程组的概念，会解三元一次方程组。

（二）教学难点

探究三元一次方程组的解法。

四、教学环节

（一）课前预习，推送资源

教师将适合学生自学的部分作为预习任务布置给学生，通过系统推送预习内容如下。

题1：解二元一次方程组的基本思想是_____。我们学习过的解二元一次方程组的方法有_____和_____。以上两种方法的本质是把二元一次方程组转化为_____，化未知为已知求解。

学生作答后，系统自动批改，并推送正确答案。

题2：解方程组。

$$\begin{cases} x+y=7, \\ 2x-y=2。 \end{cases}$$

解得

$$\begin{cases} x=\underline{\quad\quad}, \\ y=\underline{\quad\quad}。 \end{cases}$$

（要求学生用智慧课堂学生端拍照上传具体解答过程。）

学生作答后，系统自动批改。若学生解答有误，系统则自动推送教师提前准备的二元一次方程组解法的教学微课,学生学完后系统推送一个同类型问题,以此类推,直至学生解答正确。

题3:预习课本第114～115页,回答下列问题。

解三元一次方程组的基本思想是_____,其本质是把三元一次方程组转化为_____,再转化为_____,化未知为已知求解。

学生作答后,系统自动批改,并推送正确答案。

题4:解方程组。

$$\begin{cases} x+y+z=80, \\ x-y=6, \\ x+y=7z。 \end{cases}$$

解得

$$\begin{cases} x=\underline{\qquad}, \\ y=\underline{\qquad}, \\ z=\underline{\qquad}。 \end{cases}$$

(要求学生用智慧课堂学生端拍照上传具体解答过程。)

学生作答后,系统自动批改。若学生解答有误,系统则自动推送解题4的教学微课。

设计分析

　　本节课学习所涉及的知识依次有:① 解二元一次方程组的基本思想(消元法),二元一次方程组的解法;② 三元一次方程组的概念;③ 解三元一次方程组的基本思想,三元一次方程组的解法;④ 用不同的方法解同一个三元一次方程组。其中:① 为复习内容;② 为简单知识点,可作为预习内容;③ 是本节课的教学重难点,可适当设置若干简单问题作为预习内容,但在预习阶段不要求必须充分掌握;④ 为能力提升板块,根据学生对知识的掌握情况灵活处理。

　　学生完成以上预习内容后,既复习了完成本节课学习需要的基础知识,也初步学习了本节课内容中的简单知识点,可提高课堂学习的效率,从而将更多的课堂时间用于突破重难点;同时,教师根据系统反映的学生预习情况准备课堂内容和选择教学方法,教学更具针对性。

（二）学前检测，掌握学情

课堂伊始，教师通过系统向学生推送以下题目，要求学生限时完成。

题1：解方程组。

$$\begin{cases} 3x-2y=1, \\ x+2y-2=0。 \end{cases}$$

题2：解三元一次方程组的基本思想是_____，其本质是把三元一次方程组转化为_____，再转化为_____，化未知为已知求解。

若某题错误率达到了15%，教师先纠错，再通过系统推送新的题目；若某题错误率在15%以下，教师点名提问学生出错的原因，或者同桌互助讲解，再进入下一个教学环节。

设计分析

> 该环节是对预习内容的检测和巩固，确保学生对预习的内容充分掌握。在智慧课堂环境下，教师通过智能工具可迅速、准确地对全体学生的掌握情况进行全面分析，不遗漏任何一名学生。

（三）新知精讲，精准实践

教师让学生讨论，如何解方程组，并通过系统向学生推送以下题目。

题1：解方程组。

$$\begin{cases} x+y+z=80, \\ x-y=6, \\ x+y=7z。 \end{cases}$$

（1）学生抢答，讲解本题的解法。抢答可通过系统的"抢答"功能实现，提高学生参与的积极性。

（2）学生继续抢答，评价以上解法的正误。若学生回答有误，教师则要其指出错误并改正;若学生回答无误,教师则追问:你有没有与他不一样的解法?

此过程可重复,激励更多学生参与到讨论中。

接下来,教师让学生运用已经掌握的解法解方程组,并通过系统向学生推送以下题目,要求学生限时完成。

题 2:解方程组。

$$\begin{cases} x-y+z=8, \\ x-z=6, \\ x+y=3z。 \end{cases}$$

(要求学生用智慧课堂学生端拍照上传具体解答过程。)

解题时间到了后,教师请已完成的学生查看其他学生提交的解答过程,若两人结果不一致,需要找出原因。

若错误率达到了 15%,教师先纠错,再通过系统推送新的题目;若错误率在 15% 以下,教师点名提问学生出错原因,或者同桌互助讲解,再进入下一个教学环节。

设计分析

在预习阶段,教师通过系统收集到了方程组:

$$\begin{cases} x+y+z=80, \\ x-y=6, \\ x+y=7z。 \end{cases}$$

解法的大量教学素材,对学生预习阶段的知识掌握情况有了充分的了解,有利于组织课堂上的精准教学。通过对该方程组解法的讨论交流,学生能够理解用不同的消元法、消不同的元解题,再通过巩固训练,熟练解题过程。智慧课堂在这一环节可用于收集随堂生成的教学素材,如收集学生的答题过程等,教师可依据生成的素材组织下一步教学,学生亦可通过查阅生成的素材进行独立思考或交流讨论;同时,教师可根据智慧课堂的批阅和分析功能精准检测学情。

(四)个别指导,精准帮扶

在学生掌握基本解题方法之后,教师可将解方程组的题的难度提升,通过系统向学生推送以下题目。

> **题1：**解方程组。
>
> $$\begin{cases} x+y-z=6, \\ 2x-y+3z=7, \\ 3x+2y+z=10。 \end{cases}$$
>
> **要求：**分别用代入消元法和加减消元法求解。

（1）学生思考：如何用代入（加减法）消元法？

（2）学生交流消元法及求解过程。

（3）学生尝试独立完成解答，解答后在学生端提交解答过程，并可以查阅其他学生的解答。教师通过教师端查看学生的答题正误情况，明确各小组内的薄弱成员，并通过信息告知各组长。

（4）小组内交流讨论组内成员解法的正误，归纳总结可能会出现的错误及其原因，并帮助组内薄弱成员完成本题的解答。

（5）教师讲解具体的解题过程，以分别用代入消元法和加减消元法消去 x 为例。

（6）学生再次检查解答的正误，订正或完善解答过程。

设计分析

> 通过教师讲解、师生互动、生生互动，将学习任务的完成落实到每一名学生。利用智慧课堂系统的数据收集和分析功能，及时了解每一名学生对教学重难点的掌握情况，合理地进行教师个别指导或组织学生间的讨论和互助，做到精准帮扶。

（五）过关检测，总结归纳

教师通过系统向学生推送以下题目，检测学生对本节课知识的掌握情况。

> $$\begin{cases} 2x+y+z=13, \\ x+2y+3z=14, \\ x+y+2z=17。 \end{cases}$$
>
> （要求学生用智慧课堂学生端拍照上传具体解答过程。）

（1）在解以上方程组时，可以用代入消元法和加减消元法消去 y 或 z。学生独立完成，教师在教师端完成批阅，学生在课后订正。

（2）教师提问：在解方程组过程中可能会出现哪些错误？这些错误是什么原因造成的？该如何避免？

（3）每个小组选一名代表说明本组的观点，其他组员可补充。

设计分析

通过对已学习知识的检测，了解每一名学生对知识的实际掌握情况，为课后的个别辅导或组内帮扶提供依据。学生通过在学生端查阅其他人的答题过程，让讨论内容更加丰富，总结更加全面。

（六）课后延展，分层推送

教师选择适当的题作为课后作业，由系统分层推送给学生。

题1：（必做题）解方程组。

$$\begin{cases} 2x+3y-z=0, \\ x-2y+5z=0, \\ 3x-y-z=0。 \end{cases}$$

（1）若先消去 x，得到的含 y、z 的二元一次方程组是_____。
（2）若先消去 y，得到的含 x、z 的二元一次方程组是_____。
（3）若先消去 z，得到的含 x、y 的二元一次方程组是_____。
（4）该方程组的解是_____。

题2：（选做题）小丽家三口的年龄之和为 80 岁，小丽的爸爸比妈妈大 6 岁，小丽的年龄是爸爸与妈妈年龄之和的 1/7。试问：小丽家中的人的年龄分别是多少岁？

学生端首先显示必做题，系统根据学生此题作答的正误情况做下一步推送。

若必做题完全正确且用时较短，则自动推送选做题。

若必做题解答结果有误，则系统给出正确解答并推送一个同类型问题。若学生第二次解答无误，则推送选做题；若有误，则推送相关教学微课，待学生学习完成后再推送同类型问题。

设计分析

　　针对课堂知识点合理设计作业内容,有利于学生清晰地了解自身对各个知识点的掌握情况。通过智慧课堂实现分层推送,有利于帮助不同学习程度的学生在已有能力范围内更好地掌握新知识或发展能力,让每个学生都能得到充分的发展。

五、教学反思

　　本节课内容涉及大量的计算和分析,学生不仅要学会三元一次方程组的概念和具体解法,更重要的是深刻地理解消元的思想及其具体应用,学会用不同的消元法,消不同的元解同一个方程组。在解题过程中,学生有可能出现多种错误,教师需要组织学生对可能出现的各种错误进行总结归纳。在传统课堂上,要想在一节课内完成以上所有的任务十分困难,因为每一项任务都需要耗费大量时间,并且无法保证一节课内任务完成的质量。在以往的教学实践中,经常是学生刚学会了如何解三元一次方程组就到了下课时间,对消元思想的感悟和多角度应用只能浅尝辄止,对可能出现的错误的总结和归纳更是只能放在订正作业时,课堂上学生交流讨论的时间有限,导致课堂内容不充足、课堂活动不丰富、学生学习兴趣不高等。

　　智慧课堂的收集信息、分析数据、发布练习、自动批阅等功能,让本节课的教学效率大大提高,打破了教学时间和空间的限制:将简单内容置于课前预习,提高学生的自主学习能力;课中注重突破教学重难点及渗透数学思想方法,培养学生良好的数学素养;课后作业的分层推送,节省了教师对学生个人的知识掌握水平的甄别时间,自动对不同学习程度的学生进行分层训练。课堂组织形式也更加灵活:学生在课堂中拥有更丰富的生成性学习素材,不再是简单的"解题—订正"循环;教师真正以一个组织者角色融入教学过程,灵活组织学习内容和课堂活动,并可根据系统实时反馈的信息精准把握学情,及时调整教学策略,以达成让每一名学生都得到应有发展的目标。在智慧课堂环境下,学生顺利完成以上既定的学习目标,并且学习兴趣高涨。

参考文献

[1] 余胜泉.人工智能教师的未来角色[J].开放教育研究,2018,24(1):16—28.

[2] 余乃忠.自我意识与对象意识:人工智能的类本质[J].学术界,2017(9):93—101,325.

[3] 李晓华.哪些工作岗位会被人工智能替代[J].人民论坛,2018(2):33—35.

[4] 谢延龙.西方教师教育思想:从苏格拉底到杜威[M].福州:福建教育出版社,2015.

[5] 李颖辉,杨兆山.论"育人为本"及其内在意蕴[J].基础教育,2017,14(2):14—24.

[6] 郑宝锦,赵强.教育:灵魂转向的艺术:柏拉图的《理想国》解读[J].当代教育科学,2010
(21):9—11.

[7] 柏拉图.理想国[M].郭斌和,张竹明,译.北京:商务印书馆,1986.

[8] 胡金木.捍卫人的尊严:教育启蒙的价值诉求[J].现代大学教育,2015(4):1—6,111.

[9] 孙正聿.属人的世界[M].长春:吉林人民出版社,2007.

[10] 金生鈜.教育的终极价值与教师的良知[J].教师教育研究,2012,24(4):1—6.

[11] 苗学杰.游子返乡:"教师是谁"的哲学省思:"教师作为陌生人"隐喻带来的启示[J].
湖南师范大学教育科学学报,2014,13(5):56—61.

[12] 李栋,田良臣."转识成智":课程知识教学的"破"与"立"[J].教育理论与实践,2015,
35(7):60—64.

[13] 邹太龙,康锐,谭平.人工智能时代教师的角色危机及其重塑[J].当代教育科学,
2021(6):88—95.

[14] 赵智兴,段鑫星.人工智能时代高等教育人才培养模式的变革:依据、困境与路径
[J].西南民族大学学报(人文社科版),2019,40(2):213—219.

[15] 余胜泉.人机协作:人工智能时代教师角色与思维的转变[J].中小学数字化教学,
2018(3):24—26.

[16] 宋海龙,任仕坤.从教育要素的视角看人工智能对教育的冲击[J].理论界,2019(8):
96—102.

[17] 沈东.人工智能时代职业教育人才培养创新研究[J].大陆桥视野,2018(11):78—
79,82.

[18] 高娟. AI背景下教师角色定位及转化研究[J]. 晋城职业技术学院学报,2019,12(4):61—63.

[19] 孙子建,田海青.人工智能视域下新时代教学改革的"变"与"守"[J].计算机时代,2019(9):80—83,87.

[20] 邓凡.人工智能时代大学人才培养研究[J].学术探索,2019(9):143—150.

[21] 万力勇.适应性 E-Learning 系统:现状与趋势[J].现代教育技术,2011,21(9):94—97.

[22] 陈凯泉,沙俊宏,何瑶,等.人工智能 2.0 重塑学习的技术路径与实践探索:兼论智能教学系统的功能升级[J].远程教育杂志,2017,35(5):40—53.

[23] 谭平.人工智能时代课堂教学的机遇、挑战与对策[J].云南开放大学学报,2020,22(4):12—17.

[24] 肖启荣.人工智能时代教学变革的"三维一体"[J].教育理论与实践,2020,40(13):61—64.

[25] 范洁,张志丹.人工智能时代意识形态工作面临的机遇与挑战[J].南通大学学报(社会科学版),2020,36(5):1—8.

[26] 潘巧明,赵静华.区域精准教学改革实践的探索与研究:以丽水市精准教学改革实践为例[J].电化教育研究,2019,40(12):108—114.

[27] 赵静华,潘巧明,王志临.希沃教学平台在小学语文核心素养精准教学中的应用研究[J].丽水学院学报,2020,42(1):99—103.

[28] 潘巧明,赵静华,王志临,等.从时空分离到虚实融合:疫情后精准教学改革的再思考[J].电化教育研究,2021,42(1):122—128.

第五章
人工智能时代的学生

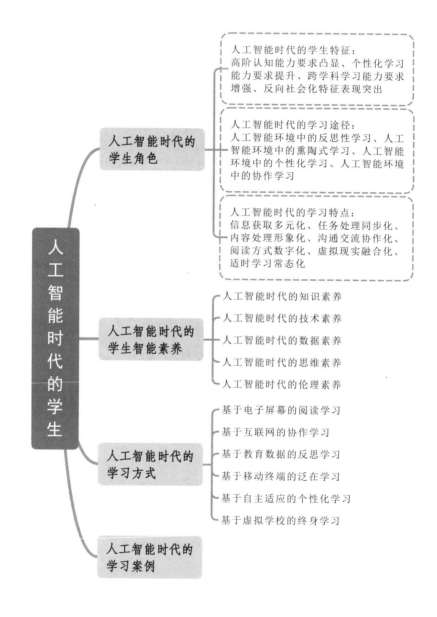

人工智能时代的学生特征：
高阶认知能力要求凸显、个性化学习能力要求提升、跨学科学习能力要求增强、反向社会化特征表现突出

人工智能时代的学习途径：
人工智能环境中的反思性学习、人工智能环境中的熏陶式学习、人工智能环境中的个性化学习、人工智能环境中的协作学习

人工智能时代的学习特点：
信息获取多元化、任务处理同步化、内容处理形象化、沟通交流协作化、阅读方式数字化、虚拟现实融合化、适时学习常态化

人工智能时代的学生角色

人工智能时代的学生智能素养
— 人工智能时代的知识素养
— 人工智能时代的技术素养
— 人工智能时代的数据素养
— 人工智能时代的思维素养
— 人工智能时代的伦理素养

人工智能时代的学习方式
— 基于电子屏幕的阅读学习
— 基于互联网的协作学习
— 基于教育数据的反思学习
— 基于移动终端的泛在学习
— 基于自主适应的个性化学习
— 基于虚拟学校的终身学习

人工智能时代的学习案例

人工智能时代的学生

人工智能技术的发展与迅速普及使人类社会由信息时代进入到人工智能时代。人工智能在整合教育大数据、机器学习、学习分析等先进技术的基础上,依托智能教育云服务为学生提供个性化的学习服务。在人工智能技术加持下的教育在教育理念、教育环境、教学内容及教师等教学条件或要素方面都发生了变化,同样处在人工智能时代的受教育者——学生,他们在人工智能时代会表现出哪些新的特征? 在人工智能环境下,学生获取知识的途径有哪些? 他们的学习表现有哪些新特点? 人工智能时代对学生的核心素养有哪些新要求? 本章将就这些问题进行探讨,并介绍相关学习案例。

第一节　人工智能时代的学生角色

一、人工智能时代的学生特征

微课

　　人工智能时代的学校课堂将会发生很大的变化,人机协同将成为人工智能时代的课堂的主要形态。学生作为课堂活动重要的主体,除了如年龄、性别、认知成熟度、智力才能、学习动机等基本特征外,还表现出一些新特征的变化,如高阶认知能力、个性化学习能力、跨学科学习能力等。了解学生在人工智能时代的新特征,可以为人工智能时代的

知识链接

人才培养提供支持。人工智能时代的学生主要表现出以下几点特征。

（一）高阶认知能力要求凸显

人类的认知从初阶到高阶划分为五个层级:神经层级的认知、心理层级的认知、语言层级的认知、思维层级的认知、文化层级的认知,分别简称神经认知、心理认知、语言认知、思维认知和文化认知。[①] 其中,低阶认知包括神经认知和心理认知,是人和动物共有的。而高阶认知包括语言认知、思维认知和文化认知,是人类所特有的。在传统学校教育中,学生的知识学习是以记忆为基础的学习,讲的是如何记忆和掌握更多的知识,讲究知识的系统性。在人工智能时代,知识是开放的,随时随地可检索,因此记忆知识及知识的系统性不再像过去那么重要,学生更需要学习如何从已有的知识中挖掘出新知识,通过已有知识学习新知识,形成相应的知识结构。例如,学生对知识的记忆、复述、再现等将变得不再重要,这些都将被机器代替,而学生对问题的识别、逻辑的推理等的重要性会更加凸显。人工智能时代的学生在智能工具的辅助下逐步从低阶认知转向高阶认知,实现了认知能力的提升。

（二）个性化学习能力要求提升

在人工智能时代,学生的个性化学习能力表现在以下几个方面:一是学生可以借助智能技术收集学习数据、控制学习路径、制定学习目标、建立自我效能感;二是学生可以借助智能技术灵活选择学习内容、学习方式、学习过程;三是学生可以借助智能技术将形成性评价贯穿于整个学习周期,以及时了解自己的成绩和存在的问题,并优化学习策略调整学习计划;四是学生可以借助智能技术测量自己在学习中的每一次进展,并将进展情况进行可视化呈现;五是学生可以借助智能技术结合已有的经验更好地支持学习,进行协同改进。

（三）跨学科学习能力要求增强

德国著名物理学家马克斯·普朗克说:科学是内在的统一体,它被分解为单独的部

---

① 蔡曙山.论语言在人类认知中的地位和作用[J].北京大学学报(哲学社会科学版),2020,57(1):138—149.

门不是由于事物的本质,而是由于人类认识能力的局限性;实际上存在着从物理学到化学,通过生物学、人类学到社会科学的连续的链条,这是任何一处都不能被打断的链条。在人工智能时代,各学科的知识相互关联统一,呈现出综合性的特征。这就需要学生了解不同学科知识间的相互联系,具有把一门学科的知识横向迁移到另外一门学科中的能力。因此,学生不仅要学习好自己专业学科的知识,而且要具备学习其他学科知识的能力,在学习过程中做到"专""博"结合,久而久之,形成自己的知识网络,建立合理的思维结构,更有效地认识事物的整体。

(四)反向社会化特征表现突出

在传统教育活动中,知识的传播过程是教师提出问题、学生解决问题,教师担任"传道授业解惑"的角色。而在人工智能时代,教师的角色从"圣人"向"平凡人"回归,教师与学生之间是平等关系。在人工智能时代,学生表现出反向社会化的特征。反向社会化是指年轻一代将文化知识传递给年长一代,或者说传统的受教育者对施教育者反向施加影响,向他们传授社会变化的知识。传统的知识与道理掌控者的教师权威逐渐转变,教师与学生开始走向合作学习的新模式,学生也可以同时作为学习问题的提出者和解决者的角色。

二、人工智能时代的学习途径

在不同的时代背景下,技术阈值的差异性导致从技术层面对人们身份的划分也有不同的表达方式。在互联网时代,将人们分为"网络原住民"和"网络移民"两种身份;进入信息时代,"数字原住民"和"数字移民"是社会成员的基本构成部分;进入大数据与人工智能时代,社会群体的两种身份也在逐渐形成——"智能原住民"和"智能移民"。人工智能时代,知识的呈现和获取方式发生了转变,学生作为"智能原住民",其接收信息的方式也发生了变化。

(一)人工智能环境中的反思性学习

反思性学习,是对学习活动过程及活动过程中所涉及的有关的事物、材料、信息、思维、结果等学习特征的反向思考。[①] 反思是对自己的思维过程、思维结果进行再认识的检验过程。它是学习中不可缺少的重要环节。当代建构主义学说认为:学习要在活动中进行建构,要求学生对自己的活动过程不断地进行反省、概括和抽象。

人工智能技术的发展为学生开展反思性学习提供了便利条件。利用人工智能、大数据技术能够详细记录学生阶段性的学习行为数据,包括学生课堂学习表现、师生交流频次和时间及每个知识点的测试题完成情况等,并将学生的学习数据进行分析后可视化呈现,学生可以一目了然地看到自己的学习数据。学生可以借助自己的学习行为数据分析和回顾自己的学习过程,总结经验;教师可以从学生的学习行为数据分析学生已经掌握了哪些知识,还未掌握哪些知识,应该如何查漏补缺,并引导学生在自我反思中提升自己的认知水平。

(二)人工智能环境中的熏陶式学习

"熏陶"是指长期接触的人或事物对人的生活习惯、思想行为、品行学问等逐渐产生某种影响(多指好的)。成语"近朱者赤,近墨者黑"和《三字经》中"昔孟母,择邻处"都是讲客观环境对人的影响。熏陶式学习是为学生营造积极向上的学习环境,以此来促进学生进行学习的学习方式。在人工智能时代出生的"智能原住民",他们"生于智能时代,长于智能时代",是在人工智能技术和智能文化环境的熏陶下成长起来的一代人,具有非常强的社会适应能力。简单来说,他们好像一出生就会操作智能手机,对很多电子产品都是通过观摩几次就学会了,本是"无师自通"。例如,在智能游戏中,"智能原住民"群体在其中来去自如,如果不是有身份认证的关卡,在虚拟的游戏世界里,人们根本无法判断对手是孩子还是成人。人工智能时代的学生周围充斥着大量的信息与知识,学生可以在不经意间完成对知识的获取与处理,这充分体现出人工智能环境中的熏陶式学习特征。

(三)人工智能环境中的个性化学习

在技术支持的学习环境中,个性化学习被定义为根据学生的兴趣爱好、学习目标等提供符合学生特征的学习策略,同时还能帮助学生更好地了解自我,促进资源的有效利用、学习效果的提高和个性的发展。智能技术下催生出的个性化学习,是将互联网、大数

---

① 吴秀娟. 基于反思的深度学习研究[D]. 扬州:扬州大学,2013:46.

据和人工智能等技术与学习充分融合的一种模式,在一定程度上促进学生学习方式的变革与发展。学生集中精力于学习主题,通过各种智能终端设备或学习平台访问个人学习空间或学习系统,根据学习系统智能分析个人知识的薄弱点,选择最适宜的资源、学习方式,获取最适配的学习任务,实现自我诊断、自我评价、自我决策、自我导向的个性化学习。人工智能时代的学生可以借助各种智能化工具了解自己的学习需求,借助系统自动推送的学习资源开展个性化学习,帮助自己实现个性化发展。

(四)人工智能环境中的协作学习

关于协作学习的研究开始于 20 世纪 60 年代末,苏联心理学家维果茨基所著的《社会中的心智:高级心理过程的发展》一书中最先介绍了协作学习的概念。当前关于协作学习的概念还没有统一的认定。北京师范大学黄荣怀教授认为协作学习是学生以小组形式参与,为达到共同的学习目标,在一定的激励机制下最大化个人和他人习得成果和合作互助的一些相关行为。随着网络技术的发展及其在教育领域的应用,协作学习可分为现实环境中的协作学习和虚拟环境中的协作学习,后者也称为基于网络的协作学习;按照协作学习活动完成的时间,协作学习还可以分为同步协作学习和异步协作学习。

近年来,随着信息技术的发展,特别是大数据、人工智能等技术在教育中的应用,人工智能环境中的协作学习也表现出智能化的特点。人工智能技术不仅可以用于协作学习活动与内容的设计、跟踪学生学习的路径、向协作群体提供智能化的协作活动方案等,还可以提供及时的教学反馈、在线生成智能的测评结果,有利于教师改进教学方法和进度,强化课堂教学效果。比如,一些在线文档编辑软件,通过支持多人实时同步或异步在线编辑文档、表格、幻灯片及思维导图等,并能够实时保存成云文档,为学生之间的协作学习提供了便捷。

三、人工智能时代的学习特点

学生的学习特点与学习活动有着密切的关系。在学习活动中,每个学生都必须由自己来感知外界的刺激,然后再对所接收的信息进行处理、储存或提取,进而完成学习任务。由于学生之间存在着生理和心理上的个别差异,所以他们之间也会表现出不同的学习特点。人工智能时代学生的学习特点依据知识获取的方式、教育环境及教学工具的变化表现出以下几个特点。

（一）信息获取多元化

人工智能时代的学生从一出生就生活在一个可以随时随地获取知识的世界。学生获取知识的途径不再局限于课堂、学校，学生可以借助互联网、电子书、各种软件等进行学习。面对这个信息超载的时代，学生掌握一定的筛选和批判性分析数据的技能是十分必要的，这样他们才能在庞大的数据网络中过滤掉无用的信息，获取所需要的信息。同时，这也需要教师以多种方式、从多种角度将信息展现给学生，充分把学生放在学习的主体地位，帮助他们提升分辨信息的能力。

（二）任务处理同步化

我们时常有这样的体验，在驾驶汽车的同时收听早间广播、思考工作问题、读马路边的广告牌信息以及和同行人员讨论哪家餐厅的菜品更好吃等话题。在当前的时代，我们时常处在一个持续性分散注意力的状态。持续性分散注意力是指在不同的任务间随意切换，随性决定下一步要做的事情，然后将注意力时间缩短。学生面对一些对认知能力要求低或者已经熟练操作的任务时，同时处理多个任务的能力会更加突出。数字化设备正在迅速取代人类大脑的一部分记忆，同时也解放了大脑的一部分认知功能，用来处理更高层次的思维任务。正因为现在的学生能够主动及时地获取信息和资源，传统的以记忆为主的知识学习的重要性降低，当学生遇到问题时，他们可以借助互联网，通过检索迅速获得他们需要的知识。学生有更多的时间专注于学习过程，而不仅是最终的学习成果。

（三）内容处理形象化

文本表述中的图形图像信息最开始只是为了补充、丰富文本的信息，是信息传递中的"配角"。然而，随着数字化媒体技术的不断发展与普及，视觉化信息媒介已经遍布我们生活中的各个方面。有研究表明我们的眼睛处理图像的速度比处理文字的速度快6万倍。发育分子生物学家约翰·梅迪纳的研究表明，人们在看完2500多张图片的72个小时后，仍能以90%的准确率记住其中的内容，一年后仍能以63%的准确率回忆其中的内容。同时,这项研究还表明,对于那些没有图像或者视频支撑的新信息(例如一段不包含任何视觉元素的文字汇报),72 小时后信息接收者就只能够回忆出约 10% 的内容。另一点值得注意的是,若在口头给出新信息后再向信息接收者展示相应的图片信息,那么回忆准确率能从 10% 上升到 65%。人工智能时代的学生从小就处在被音视频信息包围的环境中,周围信息的呈现方式更加丰富多彩、表现力强。

当前,图像和视频本身就是传达信息的有力载体。对于所有年龄段的人,尤其是年轻一代,文本和图形、图像间的角色定位发生了转变,文本被越来越多地用作图像和视频内容的补充。正是在这种环境下,年轻一代的视觉加工能力更强,他们能够自如地用视觉形式来解释和传达信息。在教学过程中,教师可以允许学生使用视频和其他视觉媒介来进行表达,利用视频制作工具创造出色的内容。目前有研究明确指出,除去 10% 精通读和写的人,一般人通过看视频然后交流学习内容而获得知识,这要比通过读文章后写学习总结获得知识更有效率,前者对知识的掌握也更牢靠。

(四)沟通交流协作化

20 世纪的传统教育实践一般是让学生先独立探索学习,然后再让他们与其他同学协作进行知识探究。处在人工智能时代的学生在成长过程中,有各式各样与他人沟通的方式,他们可以借助数字化工具随时随地与他人协作。笔记本电脑、平板电脑、智能手机等移动终端设备及各种各样的手机软件,让学生不仅能够独立学习,也能够随时随地与他人共同学习。实际上,借助互联网及交互工具与其他人进行顺畅的沟通与协作,正成为一项越来越重要的技能。比如,处在异地的协作者可以借助在线文档编辑软件,进行实时协作编辑与修改;借助项目式管理软件实现项目成员间任务的分配与项目的整体推进。大量的协作学习平台与工具,让学生可以足不出户就完成多人的协作与沟通。

(五)阅读方式数字化

在电子屏幕和网络内容普及之前,传统图书阅读者采用的是 Z 字形阅读模式。所谓 Z 字形阅读模式是指视线从页面的左上角开始,沿着这一行向右,直到读到行尾,再斜向下移到下一行的开始,再往右读到行尾,如此反复(见图 5-1)。

海量数字资源的狂轰滥炸,使学生逐渐养成了对数字资源进行快速浏览、扫描和搜索的习惯。人工智能时代的学生发展出一种新的阅读方式,即数字化阅读。伴随着数字

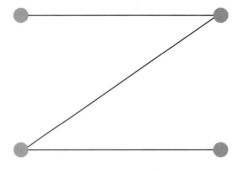

图 5-1　Z 字形阅读模式

化阅读越来越普遍,人们更多地开始采用 F 形阅读模式(也称快速阅读模式)。所谓 F 形阅读模式是指视线首先平视的是页面的顶部,然后是页面的边缘,最后才是页面本身。

在采用 F 形阅读模式时,如图 5-2 所示,阅读者的行为过程如下。

(1)阅读者的视线从左上角水平向右移至右上角,这一过程构成了 F 上面的一横。

(2)阅读者的视线沿最左边稍微向下,当发现感兴趣的内容,再次从左向右水平移动,不过这一次的水平移动比前一次的距离更短,覆盖范围更小。这一过程构成了 F 下面的一横。

(3)阅读者的视线沿最左边垂直向下扫视页面的内容。这个过程有时缓慢而有条理,在眼动跟踪热扫描图上显示为一条实线。有时则很快,在热扫描图上显示为点状。这一过程构成了 F 的一竖。

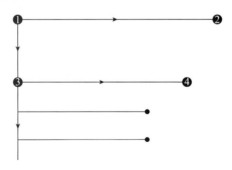

图 5-2　F 形阅读模式

阅读模式的不一样并不是人工智能时代的学生的唯一变化。随着数字媒体的出现,阅读发生了翻天覆地的改变。在人工智能时代,越来越多的人使用数字化阅读替代纸质书阅读。纸张上的文字和电子像素之间、线性阅读和滚动屏幕及超链接之间存在根本性的区别。阅读纸质读物时,读者的注意力往往跟随着文本。而在屏幕上滑动电子内容时,读者的阅读速度往往会比一页一页翻动纸质书页时更快,理解也更浅。使用笔记本电脑、平板电脑或智能手机等进行阅读时,读者倾向于对内容进行浏览和扫描、寻找关键词,以一种更不连续和更有选择性的方式阅读,而很少停下来进行思考,这一点将影响人工智能时代的学生的深度阅读能力。

(六)虚拟现实融合化

人工智能时代的学生生活在互联网环境中且长期使用数字化设备,他们往往具有双重存在感,他们一半存在于现实世界的体验中,另一半存在于虚拟世界的体验中。对人工智能时代的学生而言,虚拟世界的存在感和现实世界的存在感一样真实而重要,他们很难将两者区分开来,这也是为何网络欺凌的危害会如此之大。屏幕上的文字、图像和视频能像真实世界的事件一样对受害者造成巨大的心理伤害。

幸运的是,在虚拟世界也可以进行积极正面的活动。例如,利用网络与朋友或家人进行交流和讨论、参与学术研究或个人研究、参加各类网上活动等。"冰桶挑战"就生动展现了网络社会公益活动的力量,2014 年由美国波士顿学院前棒球选手克里斯·肯尼迪发起的肌萎缩侧索硬化(俗称"渐冻症")"冰桶挑战"活动。参与该挑战的人要向自己身上泼一桶冰水,并录制成视频分享到互联网上。被邀请者要么在 24 小时内接受挑战,要么就选择为对抗肌萎缩侧索硬化捐出 100 美元。该活动不仅使参与者体验了逐渐冻结全身的感觉,引起人们对"渐冻症"这一疾病的认识,同时还为该疾病的研究项目和临床管理项目募集了资金。

人工智能时代的学习不再局限在某个特定的地点,学生可以随时随地与教师和同学保持联系,借助广泛存在且多样化的数字工具和资源,创建个性化的虚拟学习空间。学生不仅可以随时随地按照自己的节奏进行学习,还可以在现实和虚拟学习环境之间随意切换。

(七)适时学习常态化

适时学习是指学生根据自身的实际需要实时地学习知识和技能的学习方式。在传统教育中,学生总是努力记忆一大堆的定义和概念,或是应对即将到来的考试,或是之后的某个时候可能会用到这些定义和概念。当前,我们生活在一个信息爆炸的时代,同时这也是一个各种信息时时唾手可得的时代,人们想要记住所有的知识几乎是不可能的,也是非必要的。因此,在人工智能时代,我们的学习也需要转向适时学习,并掌握适时学习的方法——能在我们需要的时候搜寻到需要的信息、习得相应的技能,适时地学习一项新技能、适时地完成一项新任务、适时地解决一个现实问题、适时地找到一份新工作等。适时学习也是教师未来的重要教学策略,其主要目标是为了培养学生的学习能力和解决问题的能力。全球经济催生了新的劳动力分工,只有那些能够使多种信息渠道为己所用并迅速作出精明决定的人,才能在新时代"吃得开",而那些缺乏现代世界的研究精神和批判性思维能力的人注定将被淘汰。也就是说,我们的学生只有具备在未来的工作中实时更新自身知识储备的能力,才能适应未来社会的需要。

第二节　人工智能时代学生的智能素养

　　学生素养主要是指学生应具备的、能够适应终身发展和社会发展需要的必备品格和关键能力。它反映的是面向未来育人的方向性和总体性规格,对于基于时代诉求的其他育人规格具有统领、指导价值。置身于人工智能时代,人要生存、发展必须具备适应并超越那个时代的相应素养,也就是说人的发展具有很强的时代性特征。处在 21 世纪的学生应具备数字化生存、信息应用、计算思维、协作沟通、复杂问题的解决、人机协作等核心能力。《中国学生发展核心素养》中提出以培养"全面发展的人"为核心,从文化基础、自主发展和社会参与三个方面提出新时代中国学生必备的人文底蕴、科学精神、学会学习、健康生活、责任担当、实践创新六大素养。[①]

　　在人工智能时代呼唤学生的智能素养,从历史发展与时代更迭的角度来看,智能素养并不是凭空产生的,而是信息素养在人工智能时代的具体体现,即智能素养以知识素养为基础,同时要体现人工智能时代的特殊时代要求。学生的智能素养包含哪些内容呢?我们可以从知识基础、技术应用和伦理认知三个维度总结出人工智能时代的学生应具备的五大智能素养:知识素养、技术素养、数据素养、思维素养、伦理素养。

---

　　① 林崇德. 构建中国化的学生发展核心素养[J]. 北京师范大学学报(社会科学版),2017(1):66—73.

一、人工智能时代的知识素养

人工智能时代的知识素养是构成学生智能教育素养的基石,也是学生学习人工智能知识的基本要求,它既包括专业的学科知识,也包括智能化相关的知识,是两者的有机结合。学科知识是学生未来从事专业技术工作的前提和保障,智能化相关的知识则主要是指涉及人工智能的本体知识,包括人工智能技术的基本知识和基本原理,以及人工智能常见的教育应用知识,能够科学认识并能合理定位人工智能、智能化和人工智能时代的特点,正确认识人工智能的必要性与重要性,明辨人工智能与个人、社会发展的关系,对人工智能知识有较强的敏感性。[①] 随着人工智能与教育的深度融合发展,教育学专业的学生应具备融合人工智能知识的学科知识、融合人工智能的教育学知识及相关学科的教学知识等;应了解信息技术、大数据、深度学习和编程相关的基础知识,以及一些智能化工具的教育应用;在掌握人工智能与学科知识的基础上,正确认识人工智能的价值及思考人与人工智能技术之间的关系。

二、人工智能时代的技术素养

人工智能时代的技术素养是学生操作运用智能工具的素养,是人工智能时代的学生的素养的核心。人工智能技术使教师可以根据每位学生的实际学情,制定符合其学习能力的课程资源,真正实现因材施教。人工智能时代的学生需要了解并掌握生活中常见的人工智能平台、工具、资源等,具体包括:一是能够借助人工智能技术和学科类人工智能工具辅助学习;二是具备进行学习人工智能技术的知识储备,能够区分一般信息技术与教育人工智能技术的差异,能够将教育人工智能技术与特定学科进行有机匹配并应用。[②]技术素养也是人工智能时代的社会公民必备的一种素养,是信息技术素养在人工智能时

---

①　陈凡丽. 师范生智能教育素养的内涵、意义与发展路径[J]. 现代交际,2021(6):16—18.

②　胡小勇,徐欢云. 面向 K-12 教师的智能教育素养框架构建[J]. 开放教育研究,2021,27(4):59—70.

代的升级和拓展。

三、人工智能时代的数据素养

数据素养是包括学生对数据的敏锐性,获取、分析、解读、交流和处理数据的能力,以及基于数据进行智能决策的数据应用能力。人工智能时代的数据素养可以进一步细分为数据意识、数据知识与技能、数据思维、数据道德规范四个方面。[①]

1.数据意识

数据意识是个体利用数据解决问题和进行决策的前提和内在动因,主要是指个体在实践中获得的一系列个人经验、感受与行为倾向。在日常工作、学习和生活中个体对于数据的感知能力,能够使其有意识地关注到身边存在的数据及来源。

2.数据知识与技能

数据知识与技能包含数据知识和数据技能两个方面,是个体开展数据使用活动、发展数据素养的关键核心。其中,数据知识主要包括数学知识、数据科学和信息技术知识三个方面的知识。

3.数据思维

数据思维处于数据素养层次结构中的最高层,是个体在数据使用过程中逐渐形成的利用数据解决问题和思考事物的认知策略。它是一种以获得的数据为基础,再利用已经拥有的数据知识对数据进行分析、比较、综合、抽象和概括,进而形成概念、推理和判断,使个体对客观事物的认识从感性上升到理性的思维过程,主要包含量化思维、关联思维、数据决策思维、批判性思维。

4.数据道德规范

数据道德规范要求个体在数据使用活动中要遵循国家相关法律和行为规范,不能采

---

① 惠恭健,曾磊.智能时代的数据素养:模型构建、指标体系与培养路径:基于国内外模型的比较分析[J].远程教育杂志,2021,39(4):52—61.

用违背道德和社会伦理的方式获取和使用数据,要具有数据诚信,保证数据的真实性,尊重他人劳动成果,引用数据要注明来源;要尊重数据隐私,不得泄露和在未经允许的情况下随意公开数据,不得利用数据作出危害他人、社会和国家的行为。

四、人工智能时代的思维素养

在人工智能时代,我们不再仅仅局限于对信息的收集、记忆,而是要对收集的信息进行筛选、整合利用。如何在日新月异的技术发展中提出具有前瞻性、创造性和领先性的技术构思,这是当前人才培养中必须思考的问题。未来教育必然需要培养具有生产性思维的创新型、创造型人才。思维素养是人工智能时代的创新型、创造型人才应具备的关键性素养。

人工智能技术应用于教育促使教师思维方式发生转变,同时要求学生具备计算思维、编程思维、解决问题思维、创造性思维和对智能社会的全方位认知的能力。人工智能时代的学生认知方式也逐渐从低阶认知转向高阶认知,学生不再仅仅满足于对知识的记忆与复述,而是倾向于利用已有的知识与能力对当前发生的事件提出批判性见解。伴随着各种人工智能工具的应用,人工智能时代的学生生存发展所需的批判性思维、计算思维、数据思维、创新思维越来越重要,计算思维是思维素养中的核心,是实现创新的基础。

五、人工智能时代的伦理素养

人工智能时代的伦理素养是指应用人工智能技术时应符合的伦理规范要求。2021年9月,国家新一代人工智能治理专业委员会发布了《新一代人工智能伦理规范》,将伦理道德融入人工智能全生命周期,为从事人工智能相关活动的人们提供伦理指引。该文件提出,开展人工智能活动及使用人工智能工具要符合增进人类福祉、促进公平公正、保护隐私安全、确保可控可信、强化责任担当、提升伦理素养等六方面的伦理要求。

从人工智能技术的兴起、发展、沉寂期到现如今的高潮期,关于人工智能的争论一直存在,有人寄希望于人工智能解放人类;有人视人工智能为洪水猛兽,并认为人工智能将取代、终结人类。作为人工智能时代的学生，我们要扬弃简单的乐观与盲目的悲观，客观地看待人工智能。人工智能有其历史必然性、现实基础性及未来悦纳性。但人工智能不是价值无涉，也并非简单的手段、工具，它将是人类的本质生成、存在架构。人工智能时代的学生要树立人工智能风险意识，但不能滑向"去人工智能化"，甚至是对人工智能产生一种盲目冲动的反抗，即"卢德主义"。此外，人工智能伦理道德应引起大家重视，对于人工智能这样的高级技术，它本身就具有意向性，我们在研发、应用它时既要符合内在的科学规律又要符合外在的伦理规范，不是"能做"的就"该做"，我们可以用人工智能来满足自身的本真生存发展需要，而不宜用其来满足自身的欲望，人工智能技术的应用应该符合人工智能技术的技术伦理。

第三节　人工智能时代的学习方式

知识链接

　　在人工智能技术支持下的教育环境中，学生的学习方式发生了新的变化。依据不同智能工具的支持，学生的学习表现出不同特点，本节将重点介绍几种人工智能时代的学习方式，如基于电子屏幕的阅读学习、基于互联网的协作学习、基于教育数据的反思学习、基于移动终端的泛在学习、基于自主适应的个性化学习、基于虚拟学校的终身学习等。

一、基于电子屏幕的阅读学习

　　随着电子显示屏技术的不断发展与进步，我们已经进到了一个万物皆可屏显的时代。大大小小的屏幕遍布在我们生活的各个方面，如手机、电视、电脑、平板等都需要屏幕进行信息的呈现，为人们进行信息的处理提供方便。特别是随着存储设备的出现，通过屏幕进行书籍阅读成为一种新的阅读方式。英国国家图书馆信托会所做的一项调查显示，现在的年轻人更愿意通过电子屏幕阅读，而不是阅读纸质的图书和杂志。与传统的纸质书籍阅读相比，基于电子屏幕的阅读方式具有方便快捷的特点，一个小小的阅读器就可以储存大量的书籍，而且不用担心纸张印刷质量、书本的重量等问题，而且学生可以在任何时间和地点进行阅读。随着屏幕显示技术的提升,屏幕采用电子墨水的形式呈现,对眼睛的伤害也越来越小,光线可以根据自身的感觉进行调节。伴随着智能手机、电子阅读器、平板电脑等设备的高度普及,年轻人正沉浸在一种以屏幕为基础的文化之中,形成一种读屏文化。当前市场上有大量的电子阅读器和阅读软件用于支持学生随时随地进行阅读学习。

随着技术的发展,越来越多的电子阅读器和阅读软件呈现出智能化的特点。学生可以在阅读时标注或做笔记,同时阅读内容、阅读时长、阅读时间点等数据会被记录和分析,它们还能对学生的阅读能力进行智能测评,为其提供相匹配的阅读书籍。此外,它们还可以通过对学生的阅读行为进行数据挖掘形成多维度阅读分析报告,让学生了解自己的阅读水平与能力。

二、基于互联网的协作学习

协作学习是指学生以小组形式参与、为达到共同的学习目标,在一定的激励机制下最大化个人和他人习得成果和合作互助的一些相关行为。协作学习是建构主义学习理论指导下的一种学习策略,它集中体现了建构主义所倡导的认知工具、社会建构和认知分享的观点。在协作学习的过程中,学生通过以小组或团队的形式来组织学习,小组成员的协同工作是实现学习目标的有机组成部分。学生一方面需要独立完成自己的工作;另一方面要与其他人进行交流,共同完成整体的学习任务。基于互联网的协作学习是指利用网络技术来辅助和支持协作学习的一种学习模式,是指利用计算机网络及多媒体等相关技术,建立协作学习环境,使学生之间针对同一学习内容彼此讨论、交互与合作,以达到理解与掌握学习内容的过程。

基于互联网的协作学习,可以使学生突破时间和空间上的限制,并且随着人工智能技术的发展,基于互联网的协作学习已经呈现多样化的协作学习方式。例如,"Escape from Wilson Island"是一款用于多人协作学习的游戏。在该游戏中,每个人扮演独一无二的角色,通过游戏中的会话窗口进行在线交流,共同完成游戏中的一系列协作任务,给予同伴帮助并转化成能力积分。又如,Teambition 是一款项目协同工具,可以创建团队项目,针对不同成员设置不同的项目管理权限,对项目进度进行实时追踪以帮助团队成员掌控项目进度。此外,它还可以通过设定项目进度计划表及召开视频会议随时保持与项目成员的交流协作。[①]

三、基于教育数据的反思学习

反思学习是指学生以自身已有的经验、经历、行为过程或自身身心结构为对象,以自我观察、分析、评价、改造、修炼等方式进行的学习。我国自古以来,人们对反思就非常看重,并将"反思(反省、内省)""自得自悟""反求诸己"等当作学习或道德修养的基本方式。例如,孔子提出:"吾日三省吾身""内省不疚,夫何忧何惧";《礼记·学记》中谈到反思与学习及教学的关系:"学然后知不足,教然后知困。知不足,然后能自反也;知困,然后能自强也。故曰:教学相长也。"

在反思学习中,学生既是学习的主体,也是学习的对象。随着人工智能与大数据技术的发展,以及其在教育领域的应用,学生学习的数据可以被记录下来,这就为教师了解学生的学习情况提供了数据支持,也为学生了解自己对知识点的掌握情况提供了条件。人工智能教育系统可以分析学生的语音、作业、考试等过程数据,识别学生的学习水平。如果人工智能教育系统识别到学生对当前知识掌握较好,就会加快推送知识的速度;如果人工智能教育系统识别到学生学习当前知识有些吃力,推送知识的速度就会放缓,并且系统会改变教学风格或发信号给教师请求援助。学校管理者可以利用大数据平台查看和分析学校、班级、个人的学习情况,通过班级间学科学习成绩的对比,了解各班级的优秀学科或薄弱学科,掌握各学科教师的教学情况,并针对相关问题及时采取有针对性的措施。教师可以通过大数据平台了解学生对学科知识点的掌握情况(见图5-3),及时发现疑难知识点,还可以对学习成绩较差的学生进行针对性的辅导与帮助。

现在很多智能化教学平台会记录学生每一次测试中做题的正确与错误情况,对学生知识点的掌握情况进行可视化分析,并通过雷达分析图或数据线的方式呈现出来,帮助学生及时自我反思、查漏补缺。

---

① 陈向东. 中国智能教育技术发展报告:2019—2020[M]. 北京:机械工业出版社,2020:55

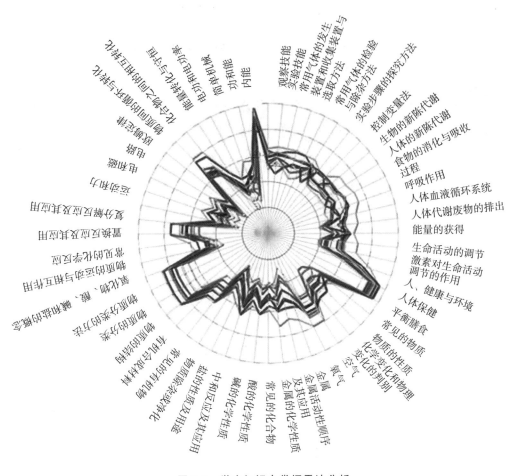

图 5-3 学生知识点掌握雷达分析

四、基于移动终端的泛在学习

泛在学习是指每时每刻的沟通,无处不在的学习,是一种任何人可以在任何地方、任何时刻获取所需的任何信息的方式。从广义角度来看,学习本身是泛在的:学习的发生无处不在、学习的需求无处不在、学习资源无处不在。然而,无处不在的学习并不一定随时能得到相应的条件保障,无处不在的学习并不一定都能产生相应的学习效果。这里阐述的泛在学习,从狭义的角度来看,是指将人工智能技术应用于学习领域的学习,即在任何地方、任何时间,根据学生的学习需求为学生提供学习环境支持。

随着无线网络的全面覆盖和移动终端设备的普及,为学生的泛在学习提供足够的软硬件条件支持。学生借助移动终端设备如手机、平板电脑、智能学习机等设备,可以随时随地开展自主学习。目前市场上的华为平板等移动终端硬件设备,中国大学 MOOC 等软件平台都为学生开展泛在学习提供了条件。大量的移动终端设备支持对学生学习数据的记录与分析,帮助学生了解自身学习习惯和知识薄弱点,并借助智能分析技术为学生推送相应的学习资源和精选习题,帮助学生提升自身学习能力。

五、基于自主适应的个性化学习

个性化学习是指根据学生的兴趣爱好、学习目标等,为学生提供符合其特征的学习策略,同时还帮助学生更好地了解自我,促进资源的有效利用、学习效果的提高和个体的个性发展。

2018 年,教育部印发的《教育信息化 2.0 行动计划》中明确提出:要优化"平台＋教育"模式,提升慕课质量,达成优质的个性化学习体验,推动"信息技术与教育的深度融合",探索信息化条件下的差异化教学和个性化学习。如今,人工智能技术可以通过不同的方法及路径帮助学生实现个性化学习。例如:虚拟教师助理可以分担教师工作,让教师更专注于教学,从而获得更好的课堂效果。另外,学习分析技术可以根据学生学习过程中生成的各项数据,分析学生的学习情况、学习偏好和潜在问题,并以此为依据,为不同学习风格、不同知识水平的学生提供符合自身成长需要的学习资源。

有很多平台支持基于自主适应的个性化学习,如一些在线英语学习平台以互联网及先进的技术创新作为突破口,在学习者在线学习的过程中实时获取学习者的发音等交互信息,生成即时的在线反馈,为其提供更优质的在线学习体验。此外,它们还可以作为一个评价工具,动态评估学习者的学习状态,对学习者掌握的知识和能力生成诊断性分析结果并提供干预方案。

六、基于虚拟学校的终身学习

终身学习的概念出现在 20 世纪 60 年代后期,当前关于终身学习的概念最具权威和认可度最高的定义是由欧洲终身学习促进会提出:终身学习是通过不断的支持过程来发挥人类的潜能,它激励并使人们有权利去获得他们终身所需要的全部知识、价值、技能与理解,并在任何任务、情况和环境中有信心、有创造性和愉快地应用它们。① 终身学习强调教育过程由"以教为中心"转向"以学为中心",强调学生的学习由他律向自律转变,强调学习需求由外驱向内驱回归,同时学生对学习资源、学习途径、学习方式、学习内容等方面的要求具有一定的开放性、个性化特征。

人工智能时代的终身学习系统表现出信息与交流技术多样化,传播手段、信息、知识和价值观多样化;传统知识来源垄断性权威弱化,学习方式个性化突出,人机协同服务模式开始出现,正规学习和非正规学习之间的沟通认证机制逐渐完善等特征。2015 年,联合国教科文组织发布的《教育 2030 行动框架》中提出了未来 15 年教育的发展路线图,强调以终身学习理念为引导,总体目标为确保全纳、公平的优质教育,使人人可以获得终身学习的机会。在 21 世纪初,我国将终身学习上升为国家层面的重要战略,在党的十六大报告中就将"形成全民学习、终身学习的学习型社会,促进人的全面发展"作为全面建设小康社会的重要目标。2020 年 9 月 22 日,习近平总书记在教育文化卫生体育领域专家代表座谈会上的讲话中指出:要完善全民终身学习推进机制,构建方式更加灵活、资源更加丰富、学习更加便捷的终身学习体系。党的二十大报告提出:推进教育数字化,建设全民终身学习的学习型社会、学习型大国。

近年来,随着 5G 技术、虚拟现实/增强现实技术、人工智能、数据分析等技术的发展,在各类技术支持下,虚拟学校形态开始出现,它的出现也为终身学习创造了条件。基于虚拟学校的终身学习表现出四个方面的特点。① 学习不再拘泥于实体课堂、固定的教师和班级及固定的教学内容、教学进度等形式,而是以学生为中心的选择性学习、主动式学习。学生根据自身需要选择需要的学习内容,重点学习和理解自己未能够完全掌握的知识点,提高自身的学习能力和学习效率,实现时间利用的最大化。② 知识获取的即时性促使学生不再花费大量的时间记忆、复述一些陈述性知识,而是转向思维认知、逻辑思辨等方面的高阶认知与探索。③ 转向以人为中心的智能化学习阶段。在智能化学习阶段,信息技术融入教育,以人为中心,构建人、信息、教育实践活动相互作用并无缝融合的信息生态和教育生态。④ 由维持性学习向创新性学习转变,开始以一种新的视角系统阐述问题的学习,提高在学习人类已有知识的基础上发现、吸收新信息和提出新问题的能力,

---

① 崔铭香,张德彭. 论人工智能时代的终身学习意蕴[J]. 现代远距离教育,2019(5):26—33.

以应对未来日新月异的社会发展。

除了学校外,越来越多的行业、企业和个人也寻求通过虚拟学校形式进行技能培训与学习,获得相应的从业资格证书。当前大多数 MOOC 平台及在线学习平台采用各种新技术突破时间和空间的限制,为各阶段的学习者提供相关的课程内容,帮助学习者开展终身学习。由教育性非营利组织建立的可汗学院为不同年龄段的学习者创建了多门学科课程,并面向全球多个国家和地区开放,涵盖多种语言,让全世界的任何人都能够有机会享受免费且高质量的教育。

第四节　人工智能时代的学习案例

一、基于智能平台的阅读学习

《义务教育语文课程标准(2022 年版)》中对第四学段(7～9 年级)"阅读与鉴赏"的要求之一是:欣赏文学作品,有自己的情感体验,初步领悟作品的内涵,从中获得对自然、社会、人生的有益启示;能对作品中感人的情境和形象说出自己的体验,品味作品中富于表现力的语言。本案例借助"学海教学平台"中的"美文与写作"模块,通过"阅读环节划分""指定精读篇目""学生自行批注""生生共读探究""师生共读释疑"五个步骤,实现学生、教师、文本三者间的对话过程。

"美文与写作"模块具有的可捕捉、可量化、可记录、可传递的功能,有利于教师充分了解学生的阅读情况,伴随学生进行阅读,及时呈现学生的阅读成果并给予反馈,这与语文新课标的要求不谋而合。下面以阅读四大名著之一的《西游记》为例介绍智能化平台工具在阅读学习中的作用。

《西游记》全书共 100 回,雅言俗语并兼,内容涵盖神魔精怪、风俗志异、历史源流、社会人情等。字数多、语言深、内容杂是学生阅读《西游记》的三大障碍。在以往的课堂中,教师或是以影视资源欣赏替代了文本赏析,或是以刻板的人物分析、情节概括、主旨提炼替代学生的个性化阅读过程。即使学生能够实实在在地阅读原文,也容易因为缺乏教师的引导,在日常阅读中迷失阅读目标,逐渐丧失阅读的兴趣。借助智能化阅读平台,通过"阅读环节划分""指定精读篇目""学生自行批注""生生共读探究""师生共读释疑"五个步骤,本节尝试帮助教师引导学生克服上述的三大障碍,助力学生进行名著阅读。

(一)阅读环节划分

人民教育出版社出版的《语文·七年级 上册》中,对《西游记》的介绍中有以下三句话:"全书故事引人入胜""《西游记》善于塑造人物""抛开小说的宗教外衣,对今天的青少年来说,这部小说也许更像一个励志故事",从这三句话可以提炼出课文对学生阅读《西游记》的启示,即阅读时要关注"人物形象""经典情节"和"全书主题"。根据这三个阅读重点,将全书阅读的推进分为十个环节(见表5-1),教师在每个环节制订一定的阅读任务,并及时搜集学生在每个环节中的阅读疑问,引导学生思维向纵深方向发展。

表 5-1　阅读时间安排表

阅读日期	阅读环节	阅读任务
第一周	第一环节:第一回～第七回	1. 关注孙悟空的成长、变化过程 2. 从孙悟空对众神称呼中探究他的"人生观"
	第二环节:第八回～第十三回	1. 关注唐僧的成长经历 2. 概括取经缘由
	第三环节:第十四回～第二十二回	梳理"西游五人组"团队的形成经过,绘制相应表格(地点、人物、情节、被贬缘由)
第二周	第四环节:第二十三回～第三十九回	1. 品读降妖细节,解读师徒形象 2. 梳理取经线路,绘制"西游路线图"
	第五环节:第四十回～第五十二回	1. 对比分析妖怪结局,谈谈你的看法 2. 继续绘制"西游路线图"
第三周	第六环节:第五十三回～第六十四回	结合前面章回中唐僧对女性的态度,解读唐僧形象特点
	第七环节:第六十五回～第七十七回	对比分析黄袍怪和赛太岁对感情的态度,解读妖怪形象
第四周	第八环节:第七十八回～第八十六回	对比分析白鹿精和老鼠精对感情的态度,解读妖怪形象
	第九环节:第八十七回～第九十七回	选取印象最深刻的妖怪,绘制"人物卡片"
	第十环节:第九十八回～第一百回	1. 关注西游取经结果,识记师徒封号 2. 思考全书主题

智能化阅读平台支持对阅读材料按照环节进行划分,将冗长难读的名著分成不同的环节,帮助学生对阅读材料按照时间划分成不同的环节,起到化整为零的结果。智能化阅读平台支持教师对每个环节撰写相应的阅读任务,帮助学生带着任务进行名著的阅读与学习。

(二)指定精读篇目

教材中不仅涉及《西游记》的阅读重点,还针对《西游记》全书主干鲜明、细节繁多的特点,提供相应的阅读策略——精读和跳读相结合。划分十大阅读环节是为了让学生在阅读时目标指向更加明确,并且给教师提供一个可供检测的任务范围。如果想让学生能够更加准确地感受文本,跨越时间的界限,与名著产生共鸣,教师还需要挑选经典情节让学生进行精读(见表5-2)。

"精读就是细读",细读文本,最好的方法就是提笔圈点勾画,对文本语句进行分析,细细品味那些耐人寻味的细节和生动传神的语言。以《西游记》中用了三个章回来讲述的"孙悟空三借芭蕉扇"为例,如果不联系前文,学生就无法理解为何孙悟空借扇如此之难;如果不细细对比揣摩借扇失败后师徒四人的言行、心理活动,学生将会错失一个深入理解人物形象的机会。因此,本次实践在划分了十大阅读环节的基础上,指定了每一环节的精读篇目,帮助学生抓住《西游记》这一皇皇巨著的重点,提高阅读效率。

表5-2 阅读环节安排

阅读环节	精读篇目
第一环节:第一回~第七回	第七回 八卦炉中逃大圣 五行山下定心猿
第二环节:第八回~第十三回	第十回 二将军宫门镇鬼 唐太宗地府还魂
第三环节:第十四回~第二十二回	第十四回 心猿归正 六贼无踪
第四环节:第二十三回~第三十九回	第二十七回 尸魔三戏唐三藏 圣僧恨逐美猴王 第三十一回 猪八戒义识猴王 孙行者智降妖怪
第五环节:第四十回~第五十二回	第四十二回 大圣殷勤拜南海 观音慈善缚红孩 第四十七回 圣僧夜阻通天水 金木垂慈救小童
第六环节:第五十三回~第六十四回	第五十九回 唐三藏路阻火焰山 孙行者一调芭蕉扇 第六十回 牛魔王罢战赴华筵 孙行者二调芭蕉扇 第六十一回 猪八戒助力破魔王 孙行者三调芭蕉扇
第七环节:第六十五回~第七十七回	第七十回 妖魔宝放烟沙火 悟空计盗紫金铃

（续表）

阅读环节	精读篇目
第八环节:第七十八回～第八十六回	第七十八回 比丘怜子遣阴神 金殿识魔谈道德
第九环节:第八十七回～第九十七回	第八十七回 凤仙郡冒天止雨 孙大圣劝善施霖
第十环节:第九十八回～第一百回	第九十八回 猿熟马驯方脱壳 功成行满见真如

指定精读篇目是教师通过对阅读内容的分析,指出需要学生认真阅读的部分,起到化繁为简的目的,让学生阅读重点段落,减轻学生阅读负担的同时帮助他们把握章节的重点,并教会学生在阅读学习中要抓住重点,提高阅读效率。

（三）学生自行批注

这个环节是对学生在开展阅读学习的补充和支持。在将阅读进行切片化处理后,指导学生精准地阅读整本书的内容。从整本书中选取若干章节,在顶层设计框架下引导学生精读、精思,为学生的深度阅读夯实基础。在为期一个月的阅读过程中,学生通过将精读和跳读相结合,自行添加圈点批注,初步形成对《西游记》的整体印象和看法。

挑取部分精读篇目,让学生进行批注,是为了教师能及时对学生的阅读效果进行反馈。"美文与写作"模块中的优秀作品分享功能,能够方便教师把优秀批注推送给班级的所有同学。学生在平台上也能够对其他同学的优秀批注进行点赞、评论,促进学生间思维相互碰撞,共同完成对阅读材料的学习与理解。而批注被推送的学生看到自己的想法能引起同伴的共鸣,也会受到鼓舞,对阅读更有信心。

添加阅读批注功能能够有效支持学生将阅读过程中的"灵感"记录下来,使学生加深对阅读篇目中语句的理解;批注的分享功能给了学生一个展示自我的平台,使学生能发表对阅读篇目的见解,同时,也让学生在交流讨论中"碰撞"出知识的火花。

（四）生生共读探究

有学生在阅读第四十二回时提出疑问:红孩儿能跟随观音修行,是天大的好事,为什么铁扇公主反而将孙悟空视为"夺子仇人"? 这个疑问是学生通过精读文本,认真品读原著中铁扇公主爱子心切的矛盾后自己提出来的,具有很高的讨论价值。如果学生能够回答这一问题,其实就握住了一把解开"鬼怪亦通世故,精魅亦晓人情"的钥匙。

当教师将这个问题设为优秀批注后,马上就有学生在下面评论道:"因为孙悟空让红孩儿失去了做'大王'的悠闲自在,跟随观音修行后就不可时常与家人团聚,失去了无拘无束的'大王'生活,铁扇公主自然会记恨孙悟空。"大部分学生都对这个问题很感兴趣。

在生生共读探究阶段,通过揭示阅读故事中的矛盾冲突点,引发学生之间的交流讨论,促进学生深入思考故事背后存在的"哲理"。阅读平台为学生提供一个展示自己观点的平台与机会,同时能够帮助教师及时把握学生的思想动向,并能够及时给予学生引导与点拨,促进学生形成正确的价值观。

(五)师生共读释疑

《西游记》的故事情节生动易懂,许多经典桥段更被无数次搬上荧幕,为学生所熟知。例如,根据《西游记》阅读学习前的测试,学生对孙悟空人物形象的认知大多集中于"神通广大、桀骜不驯"的层面。在学生眼中的孙悟空,仿佛生来就会七十二变,身上贴着"斗战胜佛"的标签。他们往往忽略了孙悟空身上发生过的诸多变化,从妖逐步转变为佛的过程。在孙悟空漫长的成长生涯里,"孙悟空"变成了一个符号,在取经途中他已从一个不谙世事的"猢狲"转变成了充满佛心的"斗战胜佛"。当学生看到与自己所认识的孙悟空形象描述不相符的原著片段时,一部分学生会陷入沉思,而另外一部分学生甚至会自动"略过",未做任何的思索。因此,在借助阅读平台开展学习时,教师的点拨和引导是不可或缺的。散漫的阅读并非真正的阅读自由,只有知道要前行的方向,才能钻研得更远更深。

通过借助智能化阅读平台的五步阅读法帮助学生化繁为简,一步步将大篇幅的阅读内容划分成一个个主题鲜明的小片段。学生可以在阅读学习中发表自己的观点,同时能够让学生间针对某一问题进行交流讨论,加上教师的实时引导解答,促进学生对知识的理解。智能化阅读平台的开放性为学生提供一个开展自主学习和协作学习的环境。

二、基于数据支持的反思学习

智学网是一款支持师生开展教与学活动的智能化分析平台。本节以人民教育出版社出版的《历史与社会:七年级 下册》第六单元第一课中《古老而现代的首都——北京》为例介绍在智学网平台进行数据支持下的反思学习。

（一）课前精准把握学情

教师在课前通过智学网平台教师端发布用于学生自主学习的导学单,学生登录智学网平台后,按照导学单的要求开展自主学习。学生在自主学习时产生的问题或无法解决的问题成为教师课堂教学中的重难点。教师在讲授《古老而现代的首都——北京》这一课时向学生发布的导学单如下所示。

（1）了解北京的历史地位。

（2）利用地图,知道北京所处的地理位置。

（3）利用地图,了解北京的自然环境特点。

（4）分析北京成为我国的首都所具备的条件。

教师根据学生导学单的完成情况及学生在智学网平台的学习数据了解学情。

知道和领会的层次:教师了解到学生对北京的历史地位方面的知识掌握得比较好,学生对北京所处的地理位置情况还需要进一步学习。

分析和应用的层次:"北京成为我国的首都所具备的条件"这一知识点还需要教师在课堂上作重点讲解。

教师通过借助智学网平台上学生导学单的完成情况数据,了解了学生对北京的历史地位、所处的地理位置、自然环境及北京成为我国首都所具备的条件等知识的掌握情况,精准把握学生的学习情况,进而确定本节课教学的重难点知识。

（二）课中精准调整

课中精准调整是教师基于学情分析和教学经验,结合智学网平台上学生的学习数据改变教学方式和学生的学习策略。教师根据学生的预习情况、课堂学习表现等及时调整教学过程。在智学网平台上,教师掌握了学生课前自主学习的情况(见表 5-3),可以根据这些情况精准地调整教学内容。

表 5-3　学生知识掌握情况分析

认知目标	学生知识掌握情况	教师精准调整
知道	了解历史上在北京定都的朝代;能够运用已有知识举例说明体现北京古老而现代的方面	学生能够通过自学掌握相关知识,教师不再详细讲解
领会	北京的地理位置有什么特点?在课前自主学习时,有 52.3% 的学生能够正确回答,其他学生需要查阅课本才能够解答	教师提供《中华人民共和国行政区划图》和《北京地形图》,并引导学生结合书本看图,学生可以准确说出北京地理位置的特点
分析	北京成为首都具备了哪些条件?北京古老而现代的特点主要体现在哪些方面?学生在评论区众说纷纭,但在文字表达上条理不清	教师从北京所处的自然条件和社会条件分析。自然条件从地形、气候、河流等方面分析;社会条件从人口、城市发展、交通方面分析
应用	有学生提出这样的问题:杭州市成为浙江省的行政中心有什么有利条件吗?学生之间有观点的碰撞	教师把话题调整为:从北京的历史、地理、政治和经济等方面的条件,让学生分析为什么北京是我国的首都,可以组织学生自由讨论或者成立辩论小组

通过了解学生的学习数据,教师在开展课堂教学活动时,从知道、领会、分析、应用的维度及时调整教学内容并准备相应的教学材料,提高课堂教学的精准性和有效性。

(三)课后精准分析

在教学活动完成后,教师还可以使用智学网平台中的网阅系统、个性化评价系统对学生完成的测试题进行自动评阅及对学生进行个性化学习评价。

教师可以对每个学生的知识掌握情况进行精准分析。系统通过对学生每一次的单元测试进行分析,并记录成绩的变化情况,可以找到学生薄弱的知识点。教师可以根据学生的测试成绩数据分析和发现自己在重难点知识方面讲解的不足,并找到改善教学的方法,提高教学效果。

此外,智学网平台还会将学生每一次测试或练习中的错题自动收集归类到个人错题本。通过个性化错题本,学生到期末复习时可以有的放矢,根据自己的错题情况去复习还未掌握的知识点,而不是盲目开展题海战术。智学网平台可以对每一道题目的知识点情况进行精准分析,依托平台的大数据分析,帮助学生精准定位还未掌握的知识点,及时清除学生学习中的难点和盲点,实现学生个性化自主学习。

智学网平台针对题目精准分析主要表现以下几个方面。第一,对每道题目的难易程度进行精准分析、题目的难易程度分别用红、橙、蓝、绿颜色进行标记:红色的题目难易程度为"很难",橙色的题目难易程度为"较难",蓝色的题目难易程度为"一般",绿色的题目难易程度为"容易"。第二,对班级中学生的答题情况进行精准分析,教师若想了解学生错题的具体情况,点击详情就可以看到学生提交的答案,教师可以及时掌握学生答题的具体情况。第三,精准定位题目的要点。智学网平台能够精准呈现每道题目考查的知识点,帮助学生了解自身对知识点的掌握情况。

智学网平台可以对每一次考试情况进行精准分析,形成班级、年级学生的知识点掌握情况雷达图,并呈现试卷整体难度系数、各知识点正确率与错误率及各题的答案详解等数据,帮助教师和学生及时对试卷进行分析总结。

智学网平台依据其教与学数据的记录、统计与分析功能,能够详细记录教师的教学行为数据及学生的学习行为数据,帮助教师及时了解学生的知识掌握情况,随时调整自己的教学重难点,以及帮助教师因材施教,为每一个学生提供精准辅导。同时,智学网平台针对学生学习行为数据的分析,帮助教师及时反思自己的教学方式是否符合学生的需要,促进教师及时进行教学总结。此外,通过对练习题及试卷的分析,智学网平台可以形成学生个性化的错题集、个人学科知识点掌握情况的分析图,及时帮助学生了解知识的薄弱点,以及开展针对性的查漏补缺。

参考文献

[1] 关成华,黄荣怀. 面向智能时代:教育、技术与社会发展[M].北京:教育科学出版社,2021.

[2] 王作冰. 人工智能时代的教育革命[M].北京:北京联合出版公司,2017.

[3] 李韧. 自适应学习:人工智能时代的教育革命[M]. 北京:清华大学出版社,2019.

第六章
人工智能时代的教育工具

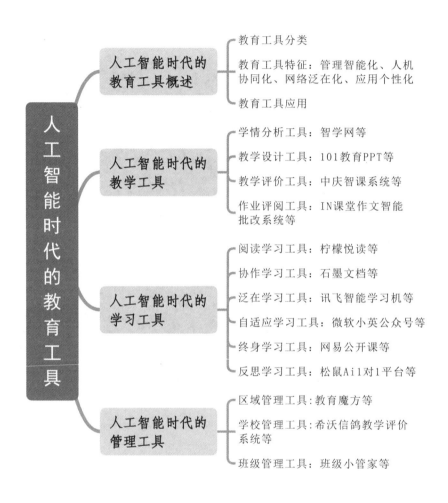

人工智能时代的教育工具

人工智能时代的教育工具概述
　　教育工具分类
　　教育工具特征：管理智能化、人机协同化、网络泛在化、应用个性化
　　教育工具应用

人工智能时代的教学工具
　　学情分析工具：智学网等
　　教学设计工具：101教育PPT等
　　教学评价工具：中庆智课系统等
　　作业评阅工具：IN课堂作文智能批改系统等

人工智能时代的学习工具
　　阅读学习工具：柠檬悦读等
　　协作学习工具：石墨文档等
　　泛在学习工具：讯飞智能学习机等
　　自适应学习工具：微软小英公众号等
　　终身学习工具：网易公开课等
　　反思学习工具：松鼠Ai1对1平台等

人工智能时代的管理工具
　　区域管理工具：教育魔方等
　　学校管理工具：希沃信鸽教学评价系统等
　　班级管理工具：班级小管家等

目前,市场上出现了大量的基于人工智能技术的教育教学辅助工具,为教与学活动的开展带来了便利。那么,面对市场上众多的人工智能教育工具,我们如何对它们进行分类,人工智能时代的教育工具表现出哪些新特征以及它们在教育教学活动与管理中的应用状况如何等问题都值得我们思考。本章将从人工智能时代的教育工具的分类、特征,以及这些工具在教师教学、学生学习及教育管理等方面的应用进行介绍,并从教学工具、学习工具、管理工具三个方面,列举了当前已经应用的人工智能教育工具实例。

第一节　人工智能时代的教育工具概述

一、教育工具分类

教育工具对于支持师生开展教与学活动具有重要作用。人工智能不是一项单一的技术,而是多项技术相互协同的整体。人工智能领域的关键技术包括机器学习、云计算与大数据、知识图谱分析、自然语音处理、计算机视觉、人机交互、虚拟现实和增强实现及智能控制与机器人等。随着人工智能与教育不断融合,市场上不断涌现各种以人工智能技术为基础的教育工具。

知识链接

根据使用对象的不同,人工智能时代的教育工具可以分为辅助教师的教学工具、辅助学生的学习工具、辅助教师和管理者的管理工具三大类;根据支持的教学活动的不同,人工智能时代的教育工具可以分成智能学科工具、智能机器人工具和教育智能助手工具三大类。

二、教育工具特征

进入20世纪中叶以来,各种新兴技术层出不穷,互联网技术、计算机技术、虚拟现实技术、增强现实技术、云计算、大数据、学习分析技术等飞速发展,并迅速应用于教育教学活动中,有效地促进了教育教学的改革与发展。各时期产生的教育工具都具有时代性特征,人工智能时代的教育工具有如下几点特征。

(一)管理智能化

智能化是人工智能教育的总特征,在表现形式上突出人工智能时代的教育工具管理智能化的特征。在智能技术的支撑下,人工智能时代的教育工具能能动地满足教育者和学生的需求。基于数据、算法和算力核心驱动力等,人工智能时代的教育工具实现对教与学数据的智能化建模,借助人工智能技术的数据处理与机器学习功能,对学生学习数据和教师教学数据进行可视化分析与呈现,在不断进行试错与改进的过程中,改善教育环境,提升教育资源的质量。

(二)人机协同化

人机协同化是人工智能推动教育智能化发展的一种趋势。[①] 从学习科学的角度来分析,学习是学生根据已有的知识去主动建构和理解新知识的过程。对于教育工具来说,新知识是它们无法理解的,所以就需要教师的参与和协调。[②] 需要借助人为的模型建构,

---

① 徐莉,梁震,杨丽乐.人工智能+教育融合的困境与出路:复杂系统科学视角[J].中国电化教育,2021(5):78—86.

② 马秀麟,刘静静,范晨雨.教育人工智能发展状况分析及趋势思考[J].中国教育信息化,2020(13):1—7.

才能发挥教育工具的辅助作用。人机协同化将是人工智能时代的教育工具辅助教育教学的重要特征之一。

（三）网络泛在化

人工智能技术在教育中的应用以网络的普及为基础。人工智能时代的教育是一种多空间、泛在的教育模式，兼具包容性和开放性。在智能教育环境中，教育的边界已经借助网络的普及突破校园的"围墙"，实现时间和空间的无边界化存在，网络的泛在化促进了人工智能教育工具实现了对教育数据的采集、分析与呈现，也使得教育无处不在、无时不有。

（四）应用个性化

人工智能时代的教育工具的重要作用是支持学生开展个性化学习，基于学生的个人信息、认知特征、学习记录、位置信息和媒体社交信息等数据，它们可以建构学生个性化的学习模型，并通过实时记录学生的学习数据调整优化模型参数，针对学生的个性化需求，实现个性化学习资源、学习路径和学习服务的推送。人工智能时代的教育工具应用个性化越来越呈现出客观、量化等特征。

三、教育工具应用

在教育领域，随着人工智能技术的发展，教育工具也在不断地被开发与应用。例如，通过推荐算法模型为学生找到合适的学习资源，借助知识跟踪模型实现对学生的知识状态跟踪。随着人工智能技术在教育中的应用，教学活动及过程也随着人工智能技术的渗透而变得逐渐智能化，越来越多的教育工具应用于教育教学活动中。

人工智能时代的教育工具可以改变学生学习，助力个性化培养。教育工具可以有效帮助学生进行自主探究和协作学习，使学生的学习方式从统一步调、统一方式、统一评价的集体学习向个性化学习转变。在某些学校和校外的辅导机构中，一些教育工具已经可以根据学生的需求，智能地帮助学生选择学习资源、学习方式，甚至匹配教师，为学生学习提供精准的辅导、课程资源和支持服务。还有一些教育工具可以为学生建立学习"画像",记录学习计划和成长轨迹,识别学生的优点、弱点和学习偏好等信息。^① 此外,教育工具还可以帮助教师梳理其辅导学生的经验,包括资源遴选和路径选择等,以实现个性化学习的规模化效应。

人工智能时代的教育工具能够赋能教学,减轻教师负担。"人机协同模式"是目前教育工具应用比较典型的做法,即教师和智能教学助理并行工作。智能教学助理可以帮助教师完成一些机械性的、重复的工作,如作业布置与批改、简单测试、查找资源等,也可以帮助教师管理日常任务,使教师有更多的时间与学生进行一对一的交流。

人工智能时代的教育工具能够优化教育数据的收集和处理,为教育决策与管理提供数据支持,从而提升教育整体管理效率。例如,应用人工智能技术来分析和动态模拟学校布局、教育经费投入、学生就业、招生选拔等教育子系统及其关系的演变过程,为教育制度、管理制度和教学制度的制定提供改革方案和决策依据。^② 另外,利用移动互联网、大数据、图像识别、生物识别等技术为学校教育管理的高效性提供有效技术支撑。

第二节　人工智能时代的教学工具

微课

知识链接

人工智能技术的发展推动了教育领域的变革,教育活动的业务处理、内容分析等各类任务的智能化转变必然会对教师的角色和工作产生影响。在传统教学活动中,教师作为教学内容的传授者、学生知识学习的引导者,承担了教学活动中的学情分析、教学目标与内容设计、课堂教学、作业布置与评阅、学生学习评价和教学活动改进等绝大部分工作。同时,教师在自身专业发展过程中,也需要不断进行学习、教研。人工智能时代的教学工具可以使教师从烦琐的、机械的、重复的劳动中解脱出来,成为教师良好的"伙伴"。^③

教师在传统教学活动中面临的主要问题包括:① 对学生学情把握不准,难以有效设定合适的教学目标;② 每天的课前备课与教学设计任务繁重,教学设计方案质量不高,备课效率低;③ 班级集体授课的方式,使教师难以掌握课堂中每个学生的具体学习情况;④ 作业布置千篇一律,难以根据学生个人情况布置个性化的作业。本节针对教师的教学活

---

① 黄荣怀. 人工智能促进教育发展的核心价值[J]. 中小学数字化教学,2019(8):1.
② 黄荣怀. 智慧教育的三重境界:从环境、模式到体制[J]. 现代远程教育研究,2014(6):3—11.
③ 余胜泉. 人机协作:人工智能时代教师角色与思维的转变[J]. 中小学数字化教学,2018(3):24—26.

动过程,从学习数据的收集与分析、教学设计与备课、课堂教学与评价、作业布置与评阅等环节,介绍人工智能时代的教学工具对教师开展教学活动的辅助作用。

一、学情分析工具

教师在进行教学设计时,先对学生进行学情分析,进而确定教学目标,组织教学内容。在传统教学活动中,教师一般是通过提问、布置课前测试题等方式了解学生学习情况,这就需要教师在开展教学活动前设计合适的测试题,然后对学生的测试结果进行手动批改,再分析学生对知识点的掌握情况及每道测试题的正确率或错误率等情况,这需要花费教师大量的时间和精力,整个操作过程烦琐且低效。随着人工智能技术在教育中的应用,学习数据的收集、处理与分析从人工转向智能自动化处理,各种智能化教学工具可以收集学生的多维学情数据,并通过智能化计算与可视化分析,精准呈现学生薄弱的知识点,助力教师开展学情分析。当前,市场上有大量的学情分析工具,如智学网、畅言智慧课堂等,能够对学生的学情数据进行收集与分析。

(一)学情分析工具功能介绍

学情分析工具主要通过支持教师在课前发布测试题及对学生测试结果进行可视化分析,帮助教师了解每道测试题的正确率或错误率,为教师把握学情提供支持。

1. 支持教师布置课前测试题

教师可以根据所要讲授的章节知识,从学情分析工具的题库中选择相关的题目组成课前测试题(见图 6-1),并将测试题发送给相应的班级或学生。学生通过登录自己的账号即可看到教师布置的测试题。平台会自动记录学生做题的总时长,做每道题的时长及每道题所涉及的知识点。学生可以针对自身掌握薄弱的知识点巩固练习,平台也会自动给学生推送该知识点的测试题,直至学生能够完全掌握该知识点。

2. 支持学生测试结果分析

学情分析工具是以测试、阅卷为基础,以数据统计、分析、评价为核心的综合性应用

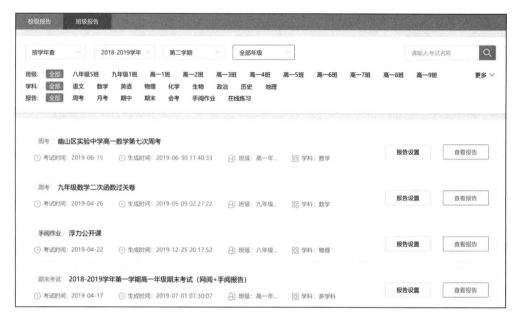

图 6-1　教师利用学情分析工具布置测试题

系统,注重学生学习过程中的发展性评价及教与学分析。平台对学生历次测试成绩的详细分析数据,能够准确展示学生对某个学科各个知识点的掌握情况,这比传统的单靠教师和学生结合每次考试情况大致分析得来的数据更加精准,从而帮助教师精准把握学情。

学生登录自己的账号后就能看到自己历次测试的成绩报告、测试的题目和解析、存在的问题等,平台会自动显示测试中做错和做对的题目。而且平台会根据学生的答题情况精准地检测出学生未掌握的知识点,并为其提供相关的学习材料。

(二)学情分析工具应用案例

本节以浙江教育出版社出版的《教学:七年级 下册》中第二章《二元一次方程组》为例,介绍智学网平台在教师开展课前学情分析中的应用。

教师通过智学网平台中的知识点组卷或同步组卷功能,选择第二章第一节《二元一次方程组》的相关知识点,精选题库或通用题库内就会呈现相关知识点的测试题列表。教师可以通过选择"题型""难度""考试类型""年份"等信息进一步筛选题库(见图 6-2),并根据需要将相关测试题加入题库,在教师组建好课前测试题后,选择"保存试卷"即完成了课前测试题的组建工作,随后可将测试题发送给班级学生。

学生登录智学网可以看到测试题,并在教师规定的时间内完成。在学生完成测试后,教师登录智学网就可以查看学生课前测试题的完成情况,点击"班级报告"可以找到本次测试题,点击"学情总览"可以看到全班的平均分、最高分、优秀率、合格率等信息(见图 6-3)。教师可以通过"试卷讲评"(见图 6-4)、"试卷分析"等功能了解每道题学生的得分情况及查看每道题的具体解析。此外,教师可以查看每个学生的得分、名次及具体报告等(见图 6-5),以详细了解每位学生对知识点的掌握情况,从而可以更好地开展个性化教学。

图 6-2　对应知识点测试题库

图 6-3 学情总览

图 6-4 试卷讲评

对比考试：2.1 二元一次方程 课后练习(默认报告) ▼　　偏科的定义

序号	准考证号	姓名	数学						操作	
			得分	等级	校次	校次进退步	班次	班次进退步		
1	54937736		80	A	1	0	1	0	查看报告	查看原卷
2	54937735		75	B	2	0	2	0	查看报告	查看原卷
3	54937737		75	B	2	0	2	0	查看报告	查看原卷
4	54937738		75	B	2	0	2	0	查看报告	查看原卷
5	54937739		75	B	2	0	2	0	查看报告	查看原卷

图 6-5　学生测试结果

二、教学设计工具

教学设计是教育教学活动中的重要环节之一，也是教师能够完成授课的基础。教师在开展课堂教学活动前都需要进行学生分析、教学目标设计、教学内容设计、教学策略设计等一系列流程后才能形成一份高质量的教学设计方案。教学设计过程涉及学习活动的各个方面，需要耗费教师大量的时间与精力。人工智能可以帮助教师进行教学设计，比如，充分了解学生是教师实现精准教学的基础，教师需要评估学生对知识的理解程度、知识水平、学习风格等情况，以调整教学目标和教学环节，过去教师凭借个人经验对这些情况进行判断，现在在人工智能技术的协助下教师可以更快地了解这些情况，并据此进行教学设计。不同于过去大数据技术在教学活动后进行分析，在人工智能技术支持下的教学设计工具，可以实时生成数据报告，还可以通过数据分析预测学生的学习结果等。

为了有效支持教师开展教学设计与备课，市场上也出现了一些辅助教师开展教学设计的教育产品，如 101 教育 PPT、希沃白板 5、鸿合 i 学等智能化教学设计工具。其中，101 教育 PPT 是一款服务教师的备课和授课一体的教学软件，它支持智能资源匹配、提供课堂辅助工具及手机控制课件等功能。希沃白板 5 是一款针对信息化教学而设计的互动教学平台，以生成式教学理念为核心，为教师提供云课件、学科工具、教学资源等备授课功能。鸿合 i 学是一款协助教师备课、授课的平台，拥有多种课堂互动小工具，同时鸿合 i 学电脑端为教师提供了课堂知识和教学资源。

接下来，以 101 教育 PPT 为例介绍智能教学设计工具。

101 教育 PPT 拥有多个领域的优质 3D、虚拟现实内容资源,为学生打造沉浸交互的三维学习环境。对于教师备课而言,101 教育 PPT 内含丰富的教学课件、教案、习题等教学资源,能够帮助教师更轻松备课。对教师授课而言,101 教育 PPT 提供了各种学科教学工具、电子白板互动工具等辅助教师开展更高效的授课。101 教育 PPT 的操作简单,容易上手,其主要功能及特点具体如下。

(1)用户体验极简:101 教育 PPT 可智能定位(见图 6-6)、推送与课程相关的教学资源。

(2)教学资源丰富:教学资源覆盖常用教材版本的小学、初中、高中全学段全学科课程。

(3)备课和授课一体化:教师在备课过程中可以直接演练和操作授课流程。教师做好的课件也可以直接保存到"我的网盘",在教室打开网盘就能直接开始授课。

(4)趣味性互动:整合了常用的白板教学互动工具,如"随机点名"功能等。

(5)多样化的学科授课工具:提供丰富且针对性强的学科工具来辅助教学。

(6)跨平台多终端协同:支持电脑端和移动端,教师可以使用手机控制课件播放。

图 6-6　智能定位

接下来,我们将以英语教学为例展示 101 教育 PPT 的功能。

（一）营造语言环境，激发学习兴趣

英语学习，离不开真实的语言环境。书本上虽有对话和插图，但却是无声的，单纯的读和练难以引起学生的兴趣，而101教育PPT可以帮助教师营造良好的英语环境及氛围，让学生去感知、模仿、练说。

（1）提供英语对话动画。动画能够较好地展示出语言场景，可爱有趣的画面也能激发学生的好奇心，吸引学生的注意力。

（2）提供真人英语对话视频或英文电影片段。学生能够通过视频中展示出的真实生活情景，明白英语语句的使用场景、语音语调，继而通过模仿，尝试交流，培养英语语感。在101教育PPT里，点击工具栏中的"多媒体"，可以找到与课程章节相对应的动画、视频资源，并可一键插入PPT中。部分动画资源具有自定义、互动等功能，教师可以根据需求选择"快进/暂停动画""开/闭字幕""角色扮演"等，为教学形式提供了更多选择，而不只是"看动画"。101教育PPT还提供了电影、动画片视频等学习材料，其中不仅包含了英语对话内容，还有目标学习单词的注释和讲解等。

（二）突出教学重点，分散教学难点

"词汇卡"工具是英语教师经常使用的教学工具。教师在运用101教育PPT时，可以利用其中"学科工具"下的"词汇卡"工具进行单词教学。"词汇卡"工具包含单词的音标、发音、释义、变形形式、词组、例句及和单词相关的图片或视频。在单词教学过程中，教师只需要调用一个"词汇卡"工具，就能多维、立体地展示教学重点。书本上关于对话和重点句的练习材料非常多，但练习形式单一，对于学生来说缺少吸引力，教师可以把练习题加入PPT中，并且教师还可以在PPT中展示图片、音频、视频等素材，播放时既有动作又有声音，比平时做的习题更丰富，更能吸引学生注意力。教师还可以在101教育PPT中的"新建习题"里，建立各式各样的游戏型题型，如连连看、选词填空、猜词游戏、记忆卡片等，采取游戏形式帮助教师攻克教学难点。

三、教学评价工具

在传统的班级教学中，由于学生较多，教师通常采用考试评分或作业评语的方式延时地为学生提供学习情况的反馈。这样的方式使教师无法实时地了解学生的学习状况，无法有效地对学生进行过程性评价，也无法准确把握学生在哪个学习阶段出现了困难，故教师无法及时地对学生进行针对性的指导，也不能实时地调整自己的教学过程。人脸识别与大数据技术的发展为师生课堂教学与学习行为数据采集提供了便利。学习行为数据采集系统能实时采集学生的学习行为表现，实时记录学生的听课、生生交流和师生交互等互动情况，同时也可以采集教师课堂教学行为数据，并以此作为评价教师授课效果的依据。当前，市场上有很多用于课堂教学与学习行为数据采集的工具，如中庆智课系统、海康威视智能行为分析系统、ErgoLAB 面部表情分析系统等。本小节以中庆智课系统为例，介绍行为分析技术工具在课堂教学评价中的应用。

中庆智课系统是一款用于课堂教学行为分析的智能化教学平台。中庆智课系统以课堂为核心，聚焦人工智能、大数据、互联网等技术和教育教学的深度融合；采用人工智能技术，对课堂教学过程中的教师与学生行为数据进行深度挖掘；可以自动对师生在课堂中的行为进行分析，分析结果可以自动传送到教师的个人空间，帮助教师进行课堂回顾与反思（见图 6-7）。

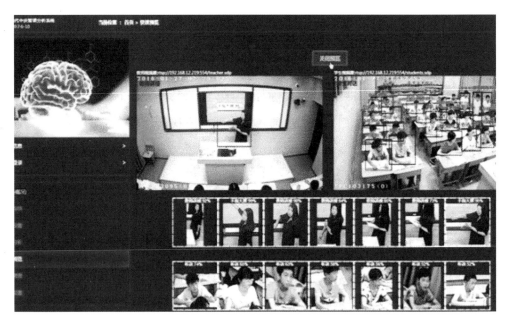

图 6-7　中庆智课行为分析

按照弗兰德斯互动分析系统原理，中庆智课系统对教师的课堂教学行为如板书、巡视、讲授等和学生的学习行为如应答、读写、听讲、举手等，以及生生互动、师生互动等活动行为,进行实时识别与记录,实现对课堂教学过程全面采集、编码和分析,形成师生课堂教学行为雷达分析(见图6-8)。通过对教师和学生个体的头、肩、手等目标进行智能定位,中庆智课系统可以实现对教室空间内学生个体的动态人脸识别和表情识别、对教师教学行为的精细分类及对课堂教学内容的智能识别。[①] 中庆智课系统对课堂教学活动过程、教师教学情况、学生整体或个体学习状况提供多维度、客观的观察与记录。中庆智课系统采用 S-T 分析法(即学生-教师课堂行为分析法)对教师课堂教学行为进行划分,判断课堂的教学类型,形成课堂教学的 S-T 记录图(即学生-教师行为记录图)(见图6-9)和 RT-CH 分析(见图6-10)。在 RT-CH 分析中,RT 表示教学过程中的 T 行为占有率,CH 表示行为转换率,RT-CH 分析中描绘的是教学过程中 T 行为与 S 行为之间的相互转换次数与总的行为采样数之比。

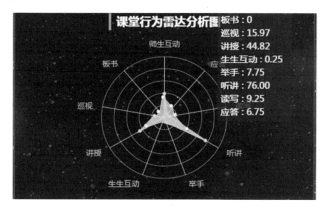

图 6-8 课堂教学行为雷达分析

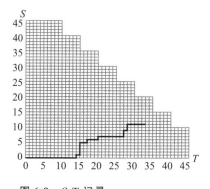

图 6-9 S-T 记录

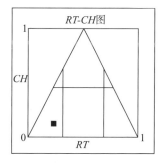

图 6-10 RT-CH 分析

① 孙希泉. 智课推进学校教研走向人工智能[J]. 中国信息化,2020(12):69—70.

RT 和 CH 值的计算如下：

$RT=NT/N$；

$CH=(g-1)/N$。

式中，N 表示行为采样总数；NT 表示 T 的行为数；g 表示连数，称相同行为的连续为 1 个连。

由计算得到的 RT 和 CH 值绘制在以 RT 为横轴，CH 为中轴的平面内，显然得到一个对应点。参照一般的标准，可以将教学分为不同的类型：练习型、讲授型、对话型和混合型。其中，混合型也就是我们经常使用的"探究型"。

在首次使用中庆智课系统时，需要将班级学生的人脸信息导入系统中，一般就是上传学生 1 英寸[①]照片。中小学生的教室和座位都比较固定，借助中庆智课系统中的人脸识别功能可以对学生位置信息进行编码与定位，以保证机器人识别到学生的"上半身"信息的同时能够让机器人呈现指定学生的行为信息。

在设置好学生的位置信息并做好相应的编码后，通过点击中庆智课系统的终端设备的"开始录制"按钮，系统就会自动将师生的课堂教学行为记录下来，并能够实时对师生的课堂行为进行判断，如学生听讲、站立、交流、阅读等学习行为。在教学活动完成后，中庆智课系统会对整节课中的师生行为表现进行整体分析，判断教师板书、巡视、与学生交流、讲授等行为，学生听课、举手、应答、听讲等行为的次数或时间，进而整体上判定教师在这一节课上属于哪种教学类型。

四、作业评阅工具

在教学过程中，教师一般是通过为学生布置各种测试题来了解学生的知识掌握情况，布置作业和评阅作业是教师的日常工作之一。教师在白天有繁重的课堂教学任务，很难有精力为每个学生布置个性化的作业，也很难在手动批改作业的过程中一一记录每个学生薄弱的知识点。此外，在批改作业的过程中，由于教师所处的环境、批改时间和思维方式的不同，极易对同一答案产生不同的批阅结果，造成随机性的错误。而借助智能化平台的自动批阅作业功能可以有效防止随机错误的产生。不仅如此，由于布置作业和

---

① 1 英寸＝2.54 厘米。——编者注

批阅作业是重复性较强的劳动,让机器代替教师进行该部分工作,能有效减轻教师的负担。

(一) 作业评阅工具技术原理

作业评阅工具的技术原理包括以下几个方面。

(1) 建立学生知识模型、学习风格模型。定义每个模型下的具体衡量指标,如知识模型包括学生的知识广度、知识深度,知识广度主要通过学生以往学习过程中对相关知识点的学习情况进行衡量,如学生学习了 100 个知识点,其中 90 个达到了解以上的水平,那么其知识广度为 90;知识深度是指学生对所学知识点掌握的层次,如学生掌握的 90 个知识点中有 30 个达到了解水平、30 个达到应用水平、30 个达到创造水平。针对教学目标的不同,对学生知识深度的要求也不同。学习风格模型主要通过学生与不同类型内容的交互频次来确定,如学生浏览视频、图像比例在所有媒体类型中占比是最高的,其可能是视觉型学生。

(2) 基于知识模型和学习风格模型中所体现的特征,系统会对题库中所有的题目进行语义化标注,使得题库中的题目可以用知识点、知识层级、适合考查的学习风格进行标记。其中,针对适应学习风格的标注可以采用媒体类型进行自动过滤,而针对知识点和知识层级的标注一方面要依自然语言处理技术进行自动化标注,另一方面则需要专家对机器不能标注的部分进行人工标注。

(3) 基于学生模型、学习风格模型的作业内容聚合和生成,该环节通过对学生特征的抽取,从试题库中依据已有的标注进行题目抽取,并将抽取的题目组成个性化作业提供给学生。

(4) 学生完成作业后,系统将依据学生的答题情况对学生的模型进行更新,从而辅助下一次作业的生成。

通过个性化的作业,学生可以更加了解自身知识掌握的薄弱点,并有针对性地进行强化和巩固,从而提高学习的效率。

(二) 作业评阅工具应用案例

目前,市场上有很多智能化作业布置与评阅工具,如智学网、IN 课堂作文智能批改系统、SAT 考试自动批阅系统、批改网英语作业智能批改系统等。本小节以 IN 课堂作文智能批改系统为例介绍智能化作业布置与批阅系统平台的功能。

IN 课堂作文智能批改系统是一个语文写作辅助教学平台,是基于人工智能、大数据、语文和内容评测的写作系统,也是基于语义的内容评阅系统。语音识别和语义分析技术的进步,使得自动批改作业成为可能,对于简单的文义语法,机器可以自动识别纠错,甚至提出修改意见,可以有效提高教师的教学效率。IN 课堂作文智能批改系统包含中文和英文作文撰写和批改功能。

该系统有教师端和学生端。在教师端,教师可以根据自己所教授的年级创建对应的班级,并导入班级学生花名册,系统会根据教师设定的年级自动选择与之对应的作文评判标准。教师通过系统中"我的题库"模块添加作文题目(见图 6-11),选择作文的"适用年级""习作体裁""常考题型""作文主题"等信息,为学生创建合适的作文作业。

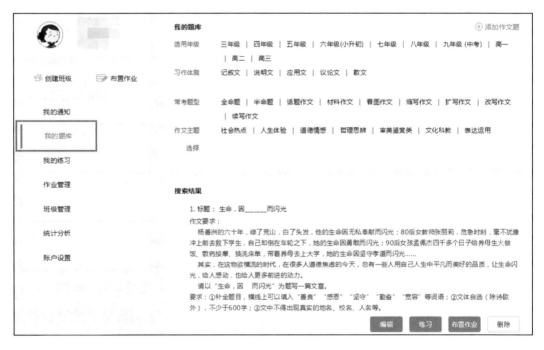

图 6-11 教师使用 IN 课堂作文智能批改系统布置作文题目

在学生端,学生登录系统后,即可接收到教师布置的作文题目,并在规定的时间内,完成撰写任务。系统还支持学生在正式提交作业前先通过机器评阅的方式对作文进行评阅,学生可以根据评阅意见对作文进行修改后再提交作业。在学生提交作业后,教师可以选择手动批改作业,也可以使用机器的评阅功能,系统会自动替代教师从作文内容、语言表达等方面对学生提交的作文进行评价。在教师点击"完成评阅"后,学生将会看到自己作文的评阅结果。IN 课堂作文智能批改系统通过对学生作文的闪光点和精彩段落进行点评和标注,帮助学生及时发现文章的闪光点。

下面以 IN 课堂作文智能批改系统对《假如我是网络课教师》一文进行评阅为例,按照高三标准来看,其总评得分为 78.76 分(见图 6-12),系统对其进行了总评,并从提分点方面给出了建议。从图 6-13 可以看出,该文章闪光点有 7 处,精彩段点评有 4 处。系统还会从提升建议和拓展学习两个方面提出相关建议。

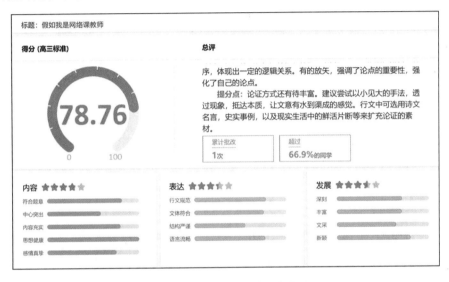

图 6-12 系统智能批阅作文

图 6-13 作文闪光点与精彩段落分析

第三节 人工智能时代的学习工具

微课

知识链接

2017 年,国务院印发的《新一代人工智能发展规划》中指出:利用智能技术加快推动人才培养模式、教学方法改革,构建包含智能学习、交互式学习的新型教育体系。2019年,国务院印发的《中国教育现代化 2035》中进一步指出:利用现代技术加快推动人才培养模式改革,实现规模化教育与个性化培养的有机结合。人工智能与教育的结合是时代的趋势,也是国家和社会发展的客观要求。在政策文件的引领下,研究者们对人工智能技术在教育中的应用做了大量的探索与实践,大量人工智能学习工具被广泛应用在学生开展正式或非正式学习中。在学习过程中,智能化学习工具能够及时收集学生海量的学习数据,并对学习数据进行即时分析与结果呈现,帮助教师了解每个学生的知识掌握情况和能力发展情况,进而帮助教师为学生提供及时的辅导。

人工智能时代的学习工具功能多样又有所侧重,体现出智能化学习工具个性化的特点,具有个性化的场景适用性。根据功能特点与学习方式的不同,人工智能时代的学习工具可以分为阅读学习工具、协作学习工具、泛在学习工具、自适应学习工具、终身学习工具和反思学习工具等几种。

一、阅读学习工具

伴随着显示屏技术的不断成熟与发展,我们进入了万物皆可屏显的时代。智能手表、智能手机、电脑、电视等大大小小的电子屏幕,已经遍布人们生活的各个方面。人们的阅读习惯已经从传统的纸质化阅读转变为基于屏幕的电子阅读。市场上各种电子阅读器、阅读本软硬件设备层出不穷。随着屏显技术的发展,针对显示屏的亮度等进行的技术改进,也使得电子书更加符合使用者的阅读习惯。此外,针对使用者的阅读习惯、阅读能力等方面的研究也逐渐得到阅读器生产商的关注。下面以柠檬悦读为例介绍智能化阅读学习工具的功能。

柠檬悦读是国内中小学生分级阅读应用平台,它包含有硬件设备与软件平台,柠檬悦读具备自适应阅读系统、习惯养成系统和能力提升系统,其智能化系统流程如图6-14所示。

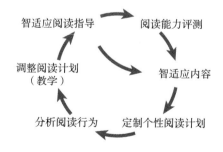

图6-14 柠檬悦读智能化系统流程

在阅读前,柠檬悦读会对首次登录的学生进行阅读能力评测,在学生完成测试后,系统会自动给出学生的阅读能力评测报告(见图 6-15),报告中的阅读能力值、阅读能力评价等信息便于学生清晰全面地了解自己的阅读水平。同时,柠檬悦读根据学生的阅读能力评测结果为其智能匹配适读的内容。此外,柠檬悦读还能够自动记录学生的阅读时间、阅读习惯,分析学生的阅读行为,以及定期对学生进行阅读能力评测,检测其阅读能力提升情况。借助定期的阅读能力评测,系统会自动为学生推送适合其阅读能力的书籍,为其提供科学的分级阅读计划,通过实时的阅读行为分析,实时调整学生的阅读计划,为学生提供自适应的阅读指导。

此外,柠檬悦读的习惯养成系统有一套完善的任务激励体系,包括签到奖励、阅读闯关、种柠檬树奖励、排行榜等,通过激励的方式,促进学生每天坚持阅读,逐渐养成阅读的习惯;在奖励学生的同时还营造了竞争氛围,学生之间可以进行任务完成率的竞赛排名,以此激励学生不断完成阅读任务。

图 6-15 阅读能力评测报告

二、协作学习工具

随着网络技术的发展与应用,很多需要跨平台、跨部门的活动在网络技术的帮助下可以通过线上协作的方式完成。文档的多方协同实时编辑处理,工作小组或项目组成员可以足不出户共同对工作计划或方案进行实时编辑修改,极大地提高了团队的工作效率。目前,市场上的智能化协作学习工具种类多样,如用于支持实时文档编辑的腾讯文档、石墨文档、金山文档、飞书文档、ProcessOn、印象笔记等。下面以石墨文档为例介绍智能化协作学习工具的基本功能。

石墨文档是一款支持云端实时协作的办公服务软件,可以支持多人同时在同一文档或表格上进行编辑和讨论,分为企业版和个人版,下面主要介绍个人版的应用。石墨文档支持使用者以个人注册和第三方的方式进行登录,支持 Office 三件套文档的导入与创建;支持使用者创建日常办公使用的文档、表格、幻灯片、表单、应用表格、白板和思维导图等文件。

石墨文档个人版支持以下这些功能。① 支持文档的实时保存,文档或表格保存在云端,即写即存,在编辑过程中,文档页面上方会实时提示文档的状态、更新时间等。② 可以通过链接将文档分享给他人,分享的文档可以设置为可以编辑或只读模式。③ 支持多人、多平台同时编辑在线文档和表格,如果需要他人协作,可以通过邮件、微信等渠道邀请协作者。与此同时,协作部分也细分出了管理者和协作者,这有助于文档协同关系的梳理。④ 所有编辑历史都是自动保存的,随时追溯查看,并可以一键还原到任一历史版本。⑤ 支持创建自定义团队,并为团队提供了大量的实用模板,团队成员可以同时对方案等进行修订,告别通过反复发送邮件进行方案修改的传统低效的方式。

三、泛在学习工具

泛在学习又称为无缝学习、无处不在的学习等,是指每时每刻的沟通,无处不在的学习,是一种任何人可以在任何地方、任何时刻获取所需的任何信息的方式。无处不在的网络及便携式设备全面普及能够有效支持学生利用手机、平板电脑等移动设备进行随时随地的学习。目前,市场上也出现了大量支持学生进行泛在学习的学习工具,如讯飞智能学习机、华为小精灵学习智慧屏、希沃网课学习机等。下面以讯飞智能学习机为例介绍智能化泛在学习工具如何支持学生进行泛在学习。

讯飞智能学习机是一款提供个性化学习服务的人工智能学习机。它采用人工智能技术对学生的学习行为进行大数据分析,在此基础上为每个学生定制个性化学习路径。讯飞智能学习机中的个性化精准学习系统涵盖大量的数理化和英语习题。系统会记录学生做题情况并对其进行分析,从而找到学生的知识薄弱项。针对学生的知识薄弱项,讯飞智能学习机会为学生推送相关知识的学习视频和精选习题,形成学习闭环。此外,讯飞智能学习机的"AI作答笔"工具,能够支持学生直接在屏幕上作答及进行擦除操作,同时提供电子草稿本,能够支持学生对中英文、各种数学公式的书写操作。

讯飞智能学习机在英语学习方面,具有以下功能:为学生提供英语学习情景,方便学生理解英语的实际使用场景;帮助学生进行口语训练;给作文进行综合评分,并为学生提供高分范文的好词好句,帮助学生提高写作能力。

讯飞智能学习机的错题本功能,可供学生拍照收录错题并查看解析,帮助学生举一反三,避免重复出错。讯飞智能学习机还能为学生提供在线答疑功能,为每个重难点知识提供解析及解题思路。此外,它还有家长管理功能,当学生下载App时需要家长审核,帮助学生专注学习。

四、自适应学习工具

自适应学习是指学生根据具体的学习情境、学习风格、认知水平等个体特征不断调整自身学习活动、学习方式、学习内容等以适应新的变化,化被动学习为主动学习,激发自身学习兴趣与学习信心,进而大大提升学习效果的学习方式。[①] 随着当前学习环境的改变和新技术在教育中的应用,出现了大量的用于支持学生开展自适应学习的工具。自适应学习工具能够引导学生选择适合自己的学习内容和活动,并当学生学习当前课程感

① 胡旺,陈瑶.自适应学习:大数据时代个性化学习的新推力[J].中国教育信息化,2018(21):42—47.

到困难时,课程的难度会自动降低。教师也可以使用实时预测技术来监测每个学生的知识空白,及时为学生提供个性化辅导与帮助。目前,市场上有很多基于自适应学习原理开发的学习工具,能够有效辅助学生开展自主学习,如微软小英公众号、流利说-英语、大力智能学习灯、猿题库、Knewton 平台等。

(一) 自适应学习工具类别

自适应学习工具大体上可以分为自适应学习内容工具、自适应评估工具和自适应序列工具。它们以不同的方式,收集并分析学生在线学习的各方面数据,进而不断调整提供给学生的学习内容、检测方式和学习顺序,满足不同学生的个性化需求。

1. 自适应学习内容工具

自适应学习内容工具通过分析学生对问题具体的回答,为学生提供独一无二的内容反馈、线索和学习资源。此类工具可以根据每个学生不同的学习情况,当即提供合适的反馈(包括提示和学习材料等)。

2. 自适应评估工具

自适应评估工具一般应用在测试中,根据学生回答问题的正确与否,及时改变和调整测评的标准。比如,我们日常学习过程中使用过的一些英语词汇量测试工具,测试者在连续做对题目之后就会发现单词越来越生僻,这就是自适应评估工具在根据测试者的表现及时调整的结果。

3. 自适应序列工具

自适应序列工具利用一定的算法和预测性分析,基于学生的学习表现,持续收集数据。在数据收集过程中,自适应序列工具会将学习目标、学习内容与学生互动集成起来,再由模型计算引擎对数据进行处理以备使用。比如,当学生在测试中做错一道题时,自适应序列工具将根据答案为其推送合适的学习内容,并会根据算法改变推送的顺序。

(二) 自适应学习工具应用案例

下面以微软小英公众号和大力智能学习灯为例,介绍自适应学习工具在支持学生开展自主学习时的作用。

1. 微软小英公众号

微软小英公众号是一款在线英语学习工具,它可以跟学习者进行对话练习,并为学习者的语音对话打分,并根据学习者学习水平的提升情况,逐渐增加课程的难度,最终达到自适应学习的效果。

例如,在微软小英公众号中选择"情景模拟"后,平台会根据学习者的语言水平推荐适合的情景进行对话,同时对学习者的语音对话进行打分(见图 6-16)。随着学习逐步深入,平台会逐渐提高对学习者表达的要求并且减少提示,学习者可以根据关键词自由发挥。

图 6-16 微软小英公众号中的"情景模拟"对话功能

又如,在微软小英公众号的"发音挑战"中选择一个音标后,平台就会为学习者播放讲解音标的视频,学习者通过单词练习发音,熟练之后则可以选择"开始挑战",在完整的英语句子中考核学习者对该发音的掌握。学习者通过反复地进行挑战练习,可以检验自己的发音是否有所改善。

微软小英公众号采用了语音识别、口语评测、自然语言理解、机器翻译等多项技术。学习者上传自己的语音回答以后,平台先用语音识别来理解学习者说了什么内容,然后根据情景相关度和语法语义的正确性对回答内容进行打分,最后和发音打分的结果综合后给出一个实际得分。所以你会发现即使你的发音再标准,如果"答非所问"的话依然得不到高分。

2. 大力智能学习灯

大力智能学习灯主要是针对学生群体研发的集语音通话、坐姿提醒、辅助学习等功能于一身的护眼灯。下面介绍大力智能学习灯的特点与功能。

一是提供个性化亮度方案。作为一款台灯,大力智能学习灯借助人工智能技术为学生提供人眼光敏测试(见图 6-17),确定学生的眼睛光敏感程度,为学生提供专属的个性化方案,并且台灯还能够智能记忆灯光亮度,不用每次进行调节。

图 6-17 人眼光敏测试

二是提供个性化学情报告。大力智能学习灯除了为学生提供个性化专属灯光方案外,其内置的"大力学习平台"能够为学生学习提供智能辅导,根据学生的年级、学科、所选用的教材版本系统会自动提供各学科的练习题或学习活动空间。平台根据学生近两周的测试题完成情况,给其推送适合其需要的学习内容(见图 6-18),并支持为学生定制个性化练习题库,同时会详细记录学生作业提交次数、错题数目、语文生词数、英语生词数等详细信息,帮助学生准确把握疑难点知识的同时避免学生陷入"题海战术"陷阱,帮助学生高效学习(见图 6-19)。

　　三是支持双摄视频通话,支持家长远程实时对孩子进行作业辅导。大力智能学习灯支持双摄视频通话,可以帮助不在孩子身边的家长通过视频通话的方式与孩子进行互动,辅导孩子写作业,也支持家长为孩子设计闯关作业,所布置的作业会实时出现在孩子的智能台灯屏幕中。家长通过远程观看孩子学习过程中遇到的难题,给出针对性的讲解与辅导,帮助家长科学、合理地参与孩子学习过程。

图 6-18　个性化学习内容推荐

图 6-19　学生学习情况汇总

五、终身学习工具

　　终身学习强调知识的学习过程是从"以教为中心"转向"以学为中心",强调学生的学习由"他律"向"自律"转变,学习者可以按照自己的喜好、学习方式,选择合适的学习内容进行学习与自我提升。在人工智能时代,随着网络技术的进步,人们越来越倾向于借助各种在线学习平台进行学习。下面以网易公开课为例介绍在线学习平台如何支持学习者实现终身学习。

网易公开课是网易公司在 2010 年上线的国内外名校的公开课课程项目。在网易公开课平台上,用户可以在线免费观看来自哈佛大学等世界级名校,以及可汗学院、TED 等教育性组织的视频。目前,该平台的课程内容涵盖人文、社会、艺术、科学、金融等领域。

网易公开课平台提供网页端和移动端版本,学习者可以通过手机号、邮箱、微信等方式登录网易公开课平台,登录成功后即可进入网易公开课平台首页(见图 6-20)。进入网易公开课后,首先会显示推荐页面,用户可以通过左右滑动屏幕来浏览其他课程。点击"查看详情"可以进入课程的详情页面查看。

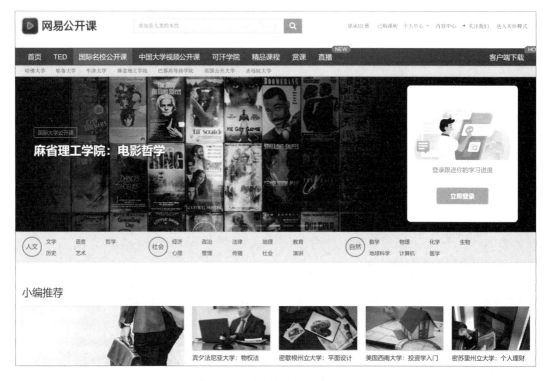

图 6-20　网易公开课平台页面

网易公开课平台上的在线课程可直接下载到本地,支持学习者无网络条件下观看,保障学习者随时随地进行学习;支持断点续传,自动记录课程观看进度,支持断点续播延续学习者的学习体验。学习者可以根据自己的喜好选择文学、数学、哲学、语言、社会、历史、商业、传媒、医学、美术、工程等十多类课程。除了免费的课程内容外,该平台还提供了需付费的精品课程供有需要的学习者观看。精品课程涵盖个人提升、职业能力提升、读书、生活等不同类型的课程,能够满足不同年龄阶段的学习者的学习需求。

六、反思学习工具

　　反思学习是指学生以自身已有的经验、经历、行为过程等为对象，以自我观察、分析、评价、改造等方式进行学习。本章第二节介绍的学情分析工具、教学设计工具、教学评价工具和作业评阅工具等，也可以帮助学生实时了解自己的学习过程数据，可视化呈现学生已经掌握的知识点和尚未掌握的知识点信息，形成学生个人的学科学习画像，助力学生进行学习总结与反思。当前，市场上能够助力学生进行反思学习的工具有很多，如智学网、松鼠 Ai 1 对 1、柠檬悦读等。下面以松鼠 Ai 1 对 1（见图 6-21）为例介绍反思学习工具。

图 6-21　松鼠 Ai 1 对 1 页面

　　松鼠 Ai 1 对 1 平台具有如下几个特点。一是能够帮助学生检测到自身知识薄弱点，可以将学科中的知识点进行超纳米级拆分。二是基于知识地图理论，平台不仅对知识点建立关联性，而且针对非关联性的知识点，建立了关联概率，帮助学生准确检测学科的知识薄弱点。三是为每一道错题标注错因，帮助学生及时进行错因分析并为其提供相关学习资料。四是通过对学生思维模式、学习能力和学习方法的分析为其提供个性化的学习指导。五是学生在反复使用平台之后，平台会进行自我迭代，进而实现更了解学生的学习情况。六是通过检测学生的登录时间、学习时间、学习速度和学习结果，以及通过监测模式抓取学生学习的实时数据，来判断学生学习的集中度和专注度，从而判断出下个环节的学习内容。

松鼠 Ai 1 对 1 平台在学生第一次登录使用时，会让学生选择所在的年级、课程和课程所选用教材版本等信息，根据这些信息，平台会提供相应的课程供学生学习。学生可以点击"我的课程"模块，选择相应的课程进行学习（课程学习页面见图 6-22 与图 6-23）。平台会按照"学习—测试—补漏—重学—掌握"的顺序帮助学生学习并掌握相关知识点。学生点击"开始练习"可做一些已经学习过的知识点的测试题，平台会自动记录学生做每道测试题的时间，进而判断学生对知识点的掌握情况。在学生顺利完成测试后，平台会自动进入下一阶段的学习。反之，平台会根据学生的错题情况，为学生提供针对薄弱知识点的测试题，帮助学生查漏补缺。

图 6-22　课程学习页面(1)

图 6-23　课程学习页面(2)

在学生每一次测试后，平台会自动将错题放入学生的"错题训练营"中，并按照"错题状态""重做次数""重做错误率"等对错题情况进行分类整理，帮助学生了解错题涉及的知识点、做题时长、难度系数等信息。同时，平台支持学生对错题进行反思分析（见图 6-24），并支持学生将易错题添加到新的错题集中，帮助学生进行练习。

此外，在学生使用松鼠 Ai 1 对 1 学习平台一段时间后，平台会根据学生的学习情况，给出这段时间的学习报告（见图 6-25），学习报告包括学生知识点的掌握情况、掌握最好

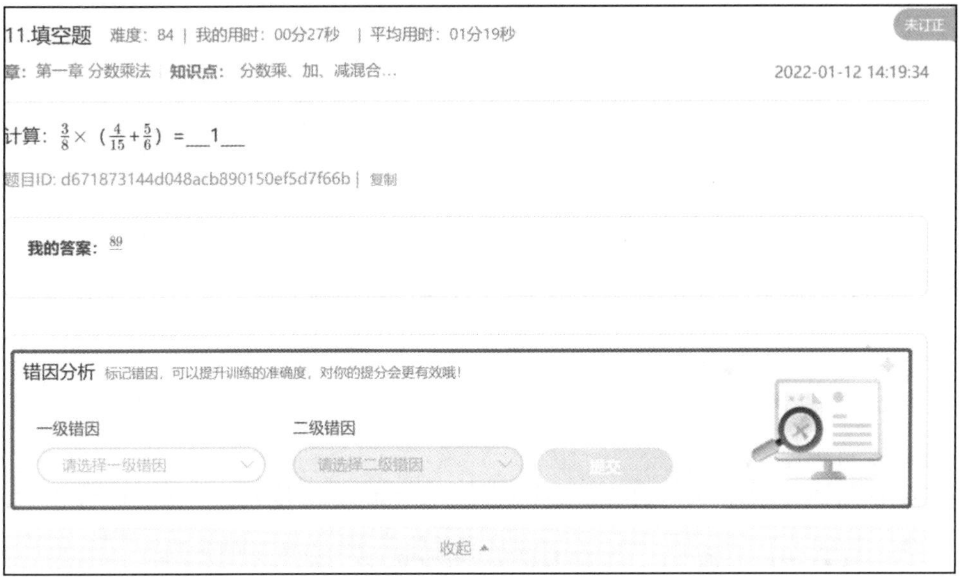

图 6-24　错题错因分析

和最快的知识点、各个知识点的掌握详情及相关知识点的测试题的正确答题率信息数据，帮助学生了解其对学科知识点的掌握情况。

知识点掌握详情

知识点名称	学前 掌握程度【全国平均】	学前 掌握状态【掌握原因】	学后 掌握程度【全国平均】	学后 掌握状态【掌握原因】	进步幅度	正答率
比一个数多（少）几分之几的应用题 考频90 难度30	94% [83%]	熟练 [测试掌握]	—		—	100%
比一个数多（少）几分之几的文字题 考频90 难度30	70% [81%]	较好 [推测掌握]	—		—	—
连续求一个数的几分之几 考频90 难度60	70% [80%]	较好 [推测掌握]	—		—	—
分数乘法的文字题--两步 考频90 难度30	70% [83%]	较好 [推测掌握]	—		—	—
分数乘整数（分数）的计算 考频90 难度10	90% [83%]	熟练 [测试掌握]	—		—	100%
分数乘法的意义 考频50 难度30	89% [85%]	较好 [推测掌握]	—		—	—
分数乘、加、减混合运算 考频90 难度20	33% [80%]	较差 [测试未掌握]	95% 80%	熟练 [重学掌握]	62%	60%
分数乘加（减）混合应用题 考频90 难度30	33% [72%]	较差 [推测未掌握]	73% 72%	较好 [学习掌握]	40%	67%
运用转化法解分数乘法问题 考频20 难度60	93% [83%]	熟练 [测试掌握]	—		—	100%

图 6-25　学习报告

第四节　人工智能时代的管理工具

微课

知识链接

　　人工智能技术在教育智能化管理与服务中也发挥着重要的价值。基于数据分析与挖掘的动态教育质量监测是实现对教育质量过程性监控的重要手段，也是实现教育智能化管理与服务所需要的关键技术手段。人工智能时代的教育管理依托于大量的信息数据，借助教育信息化系统，通过大数据分析、人工智能、云计算等技术，实现人、财、物更加高效的配置与管理。

　　本节主要介绍在区域管理、学校管理、班级管理中典型的几种人工智能管理工具及这些工具具体的应用案例。

一、区域管理工具

　　地理环境与经济发展水平的差异导致我国城乡、区域之间的教育发展不均衡，且教育资源总量不足，优质教育资源往往集中在经济较为发达的区域，流动性差。人工智能技术的发展为解决区域、城乡间的教育发展不均衡带来了新的突破口。基于人工智能技术支持的互联网，可以逐渐打破地区和学校间的资源壁垒，使教育逐渐向扁平化方向发展。目前，区域教育管理部门为了实现对区域间教育质量的有效监管，开发了用于管理区域教育质量的智能化工具或平台，如百度教育大脑、教育魔方、区域教育云平台等。下面，以教育魔方为例，介绍区域管理工具的实际应用。

　　教育魔方是浙江省教育厅主导实施建设的教育数字化系统工程项目，通过建设教育魔方工程，统筹推进浙江省数字技术与教育管理、教育教学广泛深度融合。该项目分阶段分批落地实施，按照浙江省教育数字化建设与改革需要，计划到 2025 年，教育行业云网端一体化系统、教育大数据仓系统、全民数字学习平台、教育智治系统等基本成熟，教育治理水平显著提升，教育生态不断改善，教育行业数字化资源健康发展，以数字化改革牵引撬动教育治理现代化取得突出成果。通过建设 1 个教育大数据仓，完善工作体系、标准体系、技术体系 3 大支撑体系，提升智能感知、主动服务、精准管理、科学决策、立体监督、高效协同的 6 项关键能力,围绕制定教育规划、改善办学条件、保障教育投入、优化教师队伍、提升教学质量、促进学生发展、落实督导监管、推进政务协同等教育领域核心业务,系统设计教育治理数字化等多个应用场景,帮助打造跨层级、跨地域、跨系统、跨部门、跨业务的典型应用,为教育数字化应用生态体系注入发展动能。

教育魔方包括以下项目:① 制定教育数字化建设指南,研制教育数据、装备、业务、应用、运营等标准与规范;② 统筹利用浙江省统一的政务云基础设施体系,规划适宜学校个性化应用的教育公共服务行业云,实现教育计算机网、电子政务外网和互联网安全互通;③ 建立基于数据空间与数据管道的教育大数据仓,实现教育数据无感采集、动态汇聚、智能治理、授权使用,确立以人与机构为核心的教育行业统一赋码体系,将教育数据逐步转换为数据服务能力,推动通过第三方教育数字化应用的数据回归学校;④ 建立"学在浙江"全民数字学习平台,形成贯通幼儿园、小学、初中、高中、大学等各阶段的可信数字学习档案。

教育魔方以钉钉平台为入口,形成浙江省教育应用系统的统一融合平台,解决应用系统建设碎片化、重复建设、信息孤岛、数据无法互通等问题。教育魔方支持应用的智能分发,包括纵向垂直条线的分发和横向多端的分发,支持同时将应用上架到"学在浙江"端、"浙里办"服务端和"浙政钉"治理端。教育魔方还为各组织、各类角色提供教育统管工作台,所有应用统一钉钉入口集成,包括浙江省省级统建应用、原生应用、区域学校组织自建特色应用、第三方生态应用等,解决传统局端、校端应用的多入口并存问题。

二、学校管理工具

用于支持学校智能化的管理工具能够有效帮助学校管理者、教师实时了解学校教育教学的数据动态,实时把握学校人员变动、学科教研活动、学生学习活动及教师教学数据与学生学习数据的变化,帮助学校管理者实时掌握学校全局情况。目前,市场上用于学校智能化管理的工具种类繁多,有些是通用型管理工具,有些则是根据学校的个别化需求自主开发的智能化管理工具,比如希沃信鸽教学评价系统、杭州市建兰中学自主研发的建兰学校大脑管理平台、智慧 e 窗等智能化学校管理系统。下面,以希沃信鸽教学评价系统为例,介绍智能化管理工具在学校管理中的应用。

希沃信鸽教学评价系统是一款基于数据分析的发展性教学评价系统,通过分析教学过程数据,评估学校信息化教学应用情况,帮助管理者了解教师的教学教研进度、调整教学管理策略。下面介绍希沃信鸽教学评价平台的功能。

(1)实现对教师教学过程的实时掌握,通过分析教师教学过程数据,帮助学校管理者了解教师的教学教研特点,及时调整优化教学管理策略。学校管理者可以通过每天的信鸽指数了解学校概况,包括家校沟通、课件制作、听课评课、师生互动、互动教学等方面的情况,这些情况以雷达图的形式实时呈现(见图 6-26)。同时,系统会根据学校整体情况的数据,指出教师需要改进或提升的地方。例如,教师评课次数、教师人均点评次数、互动授课次数较少时,系统会通过将本校数据与该省该项数据最高值做对比,提醒学校管理者加强这几个方面的工作(见图 6-27)。

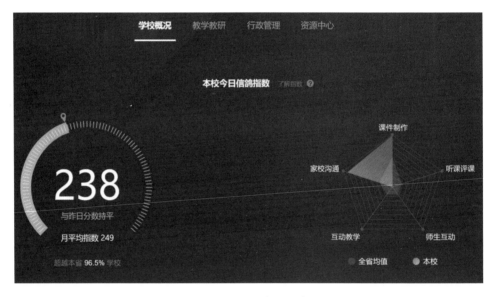

图 6-26　校级希沃信鸽

(2)系统会自动记录全校使用希沃白板的教师数量,以及每月新增的希沃教学课件、校本课件数和借助班级优化大师工具开展班级互动评价的次数。此外,系统还会对本校教师的听评课数据进行统计评分,自动统计全校教师累计评课次数及优秀课例。

(3)支持由学校校长、教学副校长创建学校教研教学计划,并指派学科教研组长按照年度计划开展各学科的教研活动,再由各学科教研组长创建学科教研组的教研计划并指定学科教师完成。学科教研组长可以实时了解教师教研进度,推动学科教师按时完成教学任务。教师个人可以通过希沃账号登录个人教学空间参与学科教研组组织的各种教研活动,完成个人教研计划,同时了解个人及学科教研组内的教研活动进度,优化自我

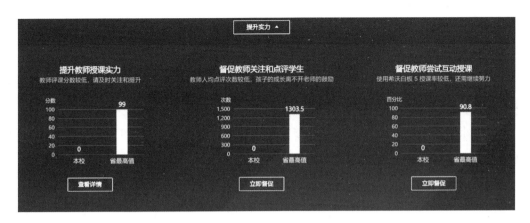

图 6-27　校级希沃信鸽评价数据

管理。

（4）支持学校管理人员发布通知，对教师进行考勤管理、分学科新增或删除教师信息，以及实时查看全校各班级学生的点评与考勤记录，帮助学校管理者实时了解各年级、各班级学生的情况。希沃信鸽教学评价系统通过教师、学生数据的及时收集与处理，帮助学校管理者掌握学校的教学教研整体情况。

三、班级管理工具

基于网络的在线学习活动开展越来越成为常态，但线上开展学习导致了师生物理空间分离，如何实现班级学生的在线管理是众多教育工作者颇为"头痛"的问题，而各种以班级为单位的智能化管理工具如雨后春笋般出现。目前，市场上涌现了大量的班级智能化管理工具，如班级优化大师、班级小管家、钉钉平台等，这些工具有效地帮助教师基于网络的班级智能化管理。下面以班级小管家（见图 6-28）为例，介绍智能化管理工具在班级管理中的作用。

班级小管家是一款用于班级管理、家校沟通的平台，目前，该平台是以微信小程序的方式呈现。班级小管家致力于帮助教师提高工作效率，构建便捷家校沟通平台。班级小管家包含学生点评、私密成绩发布、每日作业打卡、信息填表统计、在线缴费、英语智能跟读等功能。下面详细介绍班级小管家中的作业布置与成绩发布功能。

1. 作业布置

班级小管家支持教师根据自己所教授的年级新建相应班级,输入创建班级名称、班级人数等信息,然后邀请班级学生加入,即可在平台中创建自己的班级。

班级小管家中的作业发布功能能够支持教师面向学生发布作业(见图 6-29),在任课教师发布作业后系统会自动通过微信发送消息通知学生,教师还可以选择是否将作业链接发到班级微信群。待学生在规定的时间内完成作业后,教师可以使用手机、电脑进行作业批改,也可以将学生的作业数据打包后一键导出,对有问题的作业和模范作业均可一键分享到家长群。

班级小管家的布置作业功能支持答题卡与答案发布。对于选择题、判断题等客观题,系统可自动判分,大大提高了教师作业批改效率。对于填空题、问答题等主观类题目,学生可拍照后上传系统,然后由教师手动批阅。

图 6-28　班级小管家

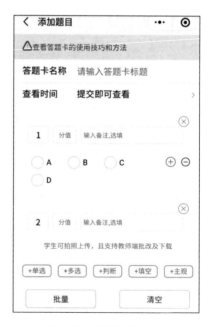

图 6-29　测试题的添加

2. 成绩发布

教师须在电脑端进行成绩发布操作,按发布成绩的格式填写成绩后进行上传,系统即可自动识别,上传时通过选择每个人只能看到自己的成绩,这样就可以对个人成绩保密。成绩分析可对比平均分查看学生成绩变化曲线,也可查看学生历次考试名次变化情况,可以有效帮助教师和家长了解学生的学习情况(见图 6-30)。此外,教师可以随时随地根据学生的学习表现进行点评、打分,系统会自动统计一定时间段内学生的学习表现,家长也可以及时了解孩子在学校的表现。

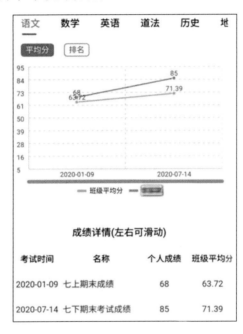

图 6-30 学生的学习成绩分析

参考文献

[1] 孙希泉. 智课推进学校教研走向人工智能[J]. 中国信息化,2020(12):69—70.

[2] 龙献忠,戴安妮. 人工智能+教育:我国高校人才培养改革的新契机[J]. 大学教育科学,2019(4):107—113.

[3] 张慧,黄荣怀,李冀红,等. 规划人工智能时代的教育:引领与跨越:解读国际人工智能与教育大会成果文件《北京共识》[J]. 现代远程教育研究,2019,31(3):3—11.

［4］梁迎丽,刘陈.人工智能教育应用的现状分析、典型特征与发展趋势［J］.中国电化教育,2018(3):24—30.

［5］曹培杰.未来教师的三种能力:读懂学生、重组课程、联结世界［J］.人民教育,2017(Z3):43—47.

［6］余胜泉.人工智能教师的未来角色［J］.开放教育研究,2018,24(1):16—28.

［7］陈鹏.共教、共学、共创:人工智能时代高校教师角色的嬗变与坚守［J］.高教探索,2020(6):112—119.

［8］李开复,王咏刚.人工智能［M］.北京:文化发展出版社,2017.

［9］陈向东.中国智能教育技术发展报告:2019—2020［M］.北京:机械工业出版社,2020.

［10］朱永新,袁振国,马国川.人工智能与未来教育［M］.太原:山西教育出版社,2018.

第七章
人工智能时代的教育评估

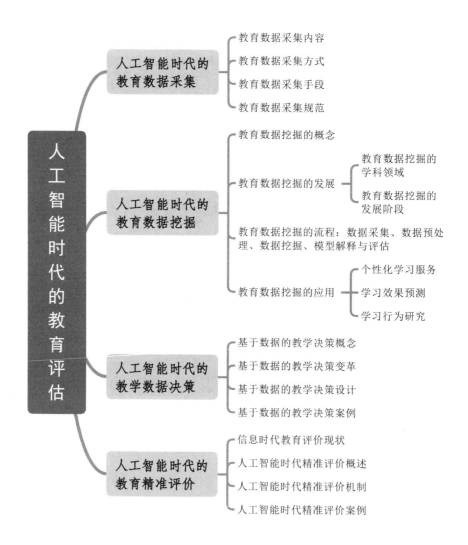

利用现代信息技术评估工具,提升教育评估的科学性、专业性、客观性已经成为我国新时代深化教育评价改革的主要方向。随着人工智能在教育领域的不断深入,人工智能已成为教育评估人员的辅助者、评价数据的收集者、评价手段的拓宽者、评价内容的整合分析者以及评价结果的轨迹追踪者。未来的教育评估,在评估目标的内涵界定、评估主体功能的发挥、评估方式的选择、评估标准的制定以及评估结果的运用等方面,均将体现人工智能的特点。作为人工智能时代教育评估实施的基础和保障,我们如何对教育数据进行采集整理? 我们如何做好教育数据挖掘? 我们如何利用数据进行教学决策? 我们如何利用数据精准评价? 本章将就这些问题进行探讨。

第一节　人工智能时代的教育数据采集

一、教育数据采集内容

微课

教育数据是指在教育教学活动过程中产生的,或者根据教育需要采集的,在推动教育发展方面具有巨大潜在应用价值的所有数据集。教育数据有推动教育决策科学化、学习方式个性化、教学管理数字化和教学评价全面化的潜力。教育数据是教育大数据的组

知识链接

成单元,在教育大数据建立和实施的过程中,如何采集、分析和应用相关数据是三个关键问题。其中,数据采集是基础,它决定着教育大数据分析和应用的质量,也会最终影响教育大数据能否实现其应用价值和应用潜力。

教育数据采集过程中涉及的数据内容往往具有场景多样、难以量化、聚合复杂等特点。[①] 场景多样是指教育数据往往来源于各种各样与教育或学习相关的场景,如教学活动、科研活动、社会活动等;难以量化源于教育场景的多样性、人的不确定性及人、机器和事物之间交互的复杂性;聚合复杂是指教育数据量大、数据来源多样、数据结构异构、数据内容繁杂等。由于上述特征存在,不同分类模式的教育数据采集内容框架呈现出不同的特征。目前,根据不同数据采集场景来区分不同类型教育数据的方式较为常见。根据数据采集场景的不同,教育数据一般可分为六类:教育管理数据、教育教学数据、科学研究数据、室外学习数据、校园生活数据和成长经历数据。各类教育大数据涉及不同的数据主体、数据来源和数据内容。[②]

(一)教育管理数据

教育管理数据来自各种类型的教育管理活动,即管理者通过组织协调教育队伍并借助教育内部各种有利条件,高效达成教育管理目标的活动过程。这一过程通常涉及学生、教师、学校和其他相关机构,可以生成:学校管理信息,如教师的数量、教师的教育背景等;行政管理信息,如部门信息、学科机构信息等;教育统计信息,如班级学生数量、性别分布信息等。

(二)教育教学数据

教育教学数据是指教师和学生在教学过程中(线上或线下)产生的数据,通常涉及学生、教师、教育资源和教育设备等主体。通过学生、教师、教育资源和教育设备之间的互动,可以生成:学生和教师行为和状态的信息,如学生的学习策略和学习动机、教师的教学策略和教姿教态等;教育资源信息,如 PPT 课件、微课、软件等;教育设备运行信息,如

① 柴唤友,刘三女牙,康令云,等.教育大数据采集机制与关键技术研究[J].大数据,2020,6(6):14—25.

② 杨现民,唐斯斯,李冀红.发展教育大数据:内涵、价值和挑战[J].现代远程教育研究.2016(1):50—61.

设备运行情况、故障信息等。

（三）科学研究数据

科学研究数据是指在开展科研活动中产生的一系列数据内容，通常涉及学生、教师、论文、科研设备和科研资料。科学研究活动可能产生的数据主要包括：科学研究设备信息，如设备参数、操作程序等；文件出版信息，如出版时间、杂志名称和影响因子等；科研资料和研究耗材消耗信息，如化学或生物试剂；导师提供的指导信息，如对论文修改的意见等。

（四）室外学习数据

室外学习数据来自学生在课堂外参与的一系列教育活动，如去动植物园研究生物习性、参观各种场所、实地考察等所采集到的数据。此类活动通常由学生主动发起，并由学生自主负责，涉及学生和室外的客观环境或考察对象。在室外学习场景中，学生与环境或客观对象之间的交互信息非常重要，如感知内容、交互记录、活动体验等。

（五）校园生活数据

校园生活数据是指学生在校园非正式学习活动中产生的各类数据，如餐饮、上网、健身、社交等，通常涉及学生、网络、健身设备、刷卡机、社交工具等主体。通过参与上述非学习活动，学生可以产生：餐饮消费信息，如饮食类型及价格、就餐时间等；上机上网信息，如上网时间、网络活动类型等；健身洗浴信息，如健身和洗浴的时间和频率等；社会交往活动信息，如好友数量、联系频率等。

（六）成长经历数据

成长经历数据是指学生从出生到现阶段成长过程中产生的各种环境数据，包括家庭环境、社会环境、校园环境和班级环境等，涉及学生、家长、教师、社会等诸多主体。在成长过程中，学生可以产生大量与个人成长经历相关的环境信息，包括：家庭环境，如父母职业特征和家庭氛围；校园环境，如学校规章制度和教师特点；社会环境，如社会氛围和社会期望等。

二、教育数据采集方式

由于数据来源的多样性(如国家、地区、学校、班级和个人等不同来源)和数据形式的复杂性(如结构化、半结构化和非结构化数据共存),教育数据采集的方式也具有不同的特点。一般来说,教育数据的采集方式主要有集中式采集、伴随式采集和周期性采集三种。其中,集中式采集侧重于数据采集的统一性,伴随式采集侧重于数据采集的实时性,而周期性采集侧重于数据采集的连续性。[①]

(一)集中式采集

集中式采集是指教育管理机构在教育管理活动中统一采用的数据采集方法。例如,学生在家庭环境中的成长经历数据、校园生活和学习环境数据的收集。从教育的角度来看,不同机构和单位收集的数据不是相互分离的,而是可以整合和统一管理的。这样的数据有助于研究人员对特定的分析对象获得全面而丰富的理解。教育大数据集中式采集的主要是结构化数据,这些数据具有广泛覆盖、高度标准化和相对宏观等基本特征。广泛覆盖是指相关数据的内容涵盖范围广泛,包括学生个人层面、家庭层面和学校层面;高度标准化意味着相关数据内容通常具有统一的收集模式,并且易于分析和处理;相对宏观是指在具体分析单元中对教育发展全局的关注。

(二)伴随式采集

伴随式采集是指借助教育信息管理系统,在教育管理过程中实时采集教育基础数据的数据获取方式。例如,在线课程平台会全程记录学生的在线行为数据,如学习时长、鼠标点击次数及频率、论坛读帖和发帖的次数和时间、作业和考试次数等;管理类系统会记录学校的资产和人事信息,如学籍管理、教学设备、教务科研、财务人事和校园安全与生活等数据。在教育大数据视域下,智能化数据采集除了关注学生的在线表现,还重视学生线下的学习、练习或实践等过程性数据。例如,利用可穿戴设备可自然真实地采集学

---

① 何普亮,张战胜. 大数据时代的教育数据挖掘:方法、工具与应用[J]. 中国教育技术装备,2019(23):7—10.

生在实践练习中的生理表征和行为习惯数据,而无须过多的人工干预。通过全域式网络架构与学生随身携带的新型便携式智能传感器,可实现伴随式采集学生学习的全过程数据,不仅包括学生的常规学习过程信息,还包括个人提交的作品信息、社会实践相关信息等。伴随式采集的教育数据以过程性数据为主,普遍具有密集性、动态性、复杂性、全面性等特点。其中,密集性是指相关数据内容产生的速度和数量级别均远远高于常规总结式采集方式;动态性是指相关数据内容一直处于持续、动态的定位与追踪之中;复杂性是指相关数据内容通常类型多样、结构异质;全面性是指相关数据内容能够完整记录所有与学生学习相关的信息。

（三）周期性采集

周期性采集是指利用特定教育管理软件对学习环境、教学过程、教育质量等进行周期性监控和测量的数据获取方式。例如,学生在入校之初会被统一要求登记身体健康信息、家庭基本信息等;学校会定期更新全体教职工基础信息、教学设备运行信息、行政管理信息、人事信息和学校资产信息等。在教育大数据视域下,班级和学校、学生和教师等不同层次、不同类型的数据内容皆可被纳入周期性采集的对象范围内。周期性采集的教育大数据在数据类型上同时包含过程性数据和结果性数据,在分析层次上以整体性层次为主,较少关注学生个体的教育发展水平,具有连续性、规范性和充分性的基本特点。其中,连续性是指相关数据内容应多次采集,以确保客观评估;规范性是指相关数据内容的采集应符合特定情况下的技术规范,以保证后续数据的一致化分析和处理;充分性是指相关数据内容的采集可从多个路径和渠道获得,以保证数据的多样性。

三、教育数据采集手段

建立多样化的数据采集手段将有助于扩大教育数据采集的广度和深度。教育数据采集的手段目前主要包括:平台采集,主要针对人与计算机在线交互过程中产生的学习过程数据;视频记录,包括教育教学过程中涉及的视频和音频数据、校园安全数据等;图像识别,如学生学习过程中的图像数据;物联感知,如学生与学习环境相互作用所产生的数据等。

（一）平台采集

平台采集是指借助于与教育或学习相关的移动或桌面应用平台获取教育数据的方法或手段。随着教育信息技术的不断发展,越来越多的移动或桌面应用平台被应用于教育领域,让利用这些平台收集教育数据成为可能。目前,平台的教育数据采集技术主要包括平台自动记录技术、日志搜索和分析技术、移动应用技术和网络爬虫采集技术等,平台采集示例见图 7-1。

图 7-1　教育数据采集渠道示例

1. 平台自动记录技术

平台自动记录技术是指基于在线学习管理平台内置的数据采集系统,自动获取和记录学生在线学习行为数据的技术,如平台登录次数、停留时间等。

2. 日志搜索和分析技术

日志搜索和分析技术是指对教学平台或学习应用程序中所有事件的保存和分析研究技术,如学习记录、操作记录和维护记录等。

3. 移动应用技术

移动应用技术是指通过使用教育应用程序收集学习者学情数据的技术,包括过程性数据或结果性数据。

4. 网络爬虫采集技术

网络爬虫采集技术一般是指根据一定的标准,借助特定的程序或脚本对网页信息进行自动捕获的技术。在教育领域,该技术可用于在教育应用平台上捕获和分析文本信息,如异步论坛中的学生帖子、校园贴吧中的舆论信息等。

(二)视频记录

视频记录是指从计算机硬件终端和计算机视窗内记录视频内容的方法或手段。典型的视频记录模式有两类:一是基于专业视频录制设备的视频捕获,如摄像机、数码相机和硬盘录像机等,见图 7-2;二是基于计算机视窗通过录屏软件进行的视频捕获,如录制视频游戏和视频教程等。目前,涉及视频记录的教育数据采集技术主要包括视频监控技术和视频录播技术等。

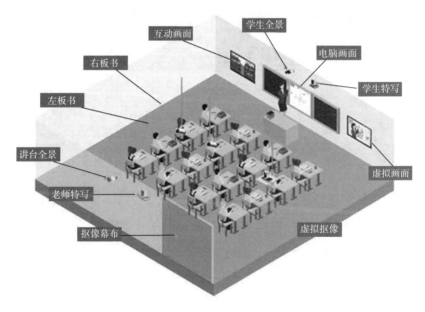

图 7-2 视频记录采集示例

1. 视频监控技术

视频监控技术是指借助视频监控设备对特定物理区域进行检测和监控,能够实时显示和记录现场图像,并支持搜索和展示历史图像的技术。在教育领域,该技术可用于监控校园环境,提供校园安全信息。

2. 视频录播技术

视频录播技术一般是指在教师现场授课的同时能够自动生成课堂教学实况,完整记录教师整个教学过程的技术(具体示例见图 7-3)。该技术可以记录整个教学过程,无须特殊操作和控制,极大地方便视频课程资源的制作和录制。

图 7-3 视频录播技术示例

(三) 图像识别

图像识别是指对特定物理图像进行对象检测,以识别各种不同模式的目标和对象的技术。作为人工智能研究的重要领域之一,图像识别在教育领域得到了广泛的应用,如网阅技术、点阵数码笔技术等。

1. 网阅技术

网阅技术是以电子扫描技术和计算机网络技术为基础,将手工评卷经验与现代信息技术相结合的一种先进、科学、高效的自动评卷方法,网阅技术示例见 7-4。与传统的手工阅卷方式相比,网阅技术可以大大减轻教师的工作量,并支持更准确、科学的教育评价。

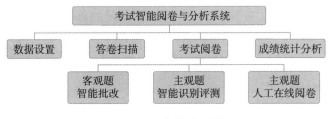

图 7-4 网阅技术示例

2. 点阵数码笔技术

点阵数码笔技术是指通过数码笔前端的高速摄像机实时捕捉图像,同时传感器将数字化数据传回数据处理器,然后通过屏幕或蓝牙等数据传输技术向外传递相关信息的一种新型书写技术。与传统的纸笔书写不同,点阵数码笔技术可以记录笔尖坐标、笔尖压力等信息,并支持本地存储和远程通信功能,点阵数码笔技术示例见图 7-5。

图 7-5 点阵数码笔技术示例

(四) 物联感知

物联感知是指基于信息通信技术,通过万物互连来实现测评特定对象的一种技术。由于物联网无处不在,学校和教育机构正在寻求将物联感知融入教育活动,以解决教育部门的各种教育问题,最终使学生、教师,甚至整个教育系统受益。目前,教育领域的物联感知采集手段主要包括物联感知技术、可穿戴技术和校园一卡通技术等。

1. 物联感知技术

物联感知技术通常是指用于感知物联网底层信息的技术,在教育领域主要是指多媒体信息收集的技术。通过多媒体信息采集技术,计算机多媒体系统中的主机可以随时采集各种外接多媒体设备的状态信息,如视频或音频等,为相关教育教学设备的精确调试提供信息支持,物联感知技术示例见图 7-6。

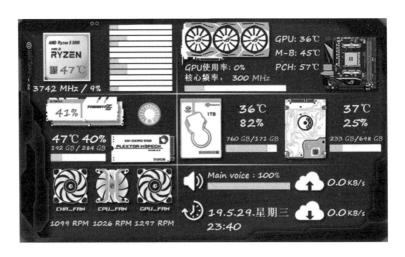

图 7-6 物联感知技术示例

2. 可穿戴技术

可穿戴技术是指借助用户可直接穿戴或可嵌入用户衣服或身体的设备进行数据采集的技术,如智能手环和智能眼镜等。在教育领域,通过可穿戴设备,可以实时记录和存储学生个人身体健康数据或学习行为数据。例如,集成了麦克风、耳机和微型摄像头的智能眼镜(示例见图 7-7),在学生的语音命令下可以随时进行录像或拍照,以实现实时保存教师讲授的内容。

3. 校园一卡通技术

校园一卡通技术是指将智能卡物联网技术、计算机网络的数字化理念融合于校园日常管理而开展的对身份认证、人事、学工等信息统一管理的应用解决方案。这项技术可以记录和收集有关学生校园生活的信息,如财务消费、图书借阅和出勤情况等,见图 7-8。校园一卡通技术是建设数字校园、智慧校园的重要组成部分。例如,华东师范大学率先

图 7-7　智能眼镜示例

利用学生在食堂刷卡的消费数据,精准甄别家庭经济困难的学生,并为他们提供情感慰藉和经济支持,这也体现了基于物联感知的人性化关怀。

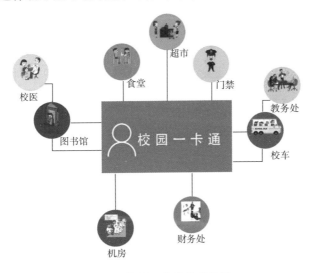

图 7-8　校园一卡通技术示例

四、教育数据采集规范

基于教育科学研究和大数据研究的学术目标和伦理要求,许多研究机构和组织针对教育数据的采集规范制定了一系列基本标准。依据教学活动的不同,可将教育数据采集标准划分为下述五类：教学主体类、教学评测类、教学资源类、教学管理类和教学过程类。

1. 教学主体类标准

教学主体类标准是针对学生、家长、教师、教研员和教学管理者等制定的采集标准，包括伦理和权益方面的规范等，如针对学生隐私保护、学生的知情同意权、学生的自由参与权。

2. 教学评测类标准

教学评测类标准是针对教学目标、知识能力、信息素养、教学能力等的评测而制定的采集标准，如对评测指标的命名方式及其特点的定义方式等术语方面的规范。

3. 教育资源类标准

教育资源类标准是为统一描述、封装与重组不同形式、不同力度、不同格式的教学资源而制定的采集标准，如资源数据的记录方式方面的格式规范等。

4. 教学管理类标准

教学管理类标准是针对指向管理需求的一系列基本信息和管理数据而制定的采集标准，如学生、教师数据、学校数据和基础设施数据等。

5. 教学过程类标准

教学过程类标准是为描述教学过程中教学主体与教学内容、教学环境及其他教学活动参与者之间的交互经历而制定的采集标准，如采集工具类型及其使用方式方面的技术规范。

各种类别的采集标准通过有机结合，共同构成了教育大数据采集标准与规范的复杂内涵。

第二节　人工智能时代的教育数据挖掘

一、教育数据挖掘的概念

微课

知识链接

　　数据挖掘是通过一定的算法从大数据中发现潜在模式和知识的过程,已广泛应用于银行、保险、金融等领域。[①] 在人工智能时代,随着教育信息化快速推进、智能化校园迅速建设和教育数据呈指数级增长,教育数据挖掘的概念应运而生,它旨在分析教育环境中产生的独特数据,解决教育研究问题。教育数据挖掘是综合运用数学统计、机器学习和数据挖掘的技术和方法,对教育数据进行处理和分析,通过数据建模,发现学生学习结果与学习内容、学习资源和教学行为等变量的相关关系,来预测学生未来的学习趋势。

　　教育数据挖掘有四个主要研究目标:一是通过整合学生知识、动机、元认知和态度等详细信息进行学生模型的构建,预测学生未来学习发展趋势;二是探索和改进包含最佳教学内容和教学顺序的领域模型;三是研究各种学习软件所提供的教学支持的有效性;四是通过构建包含学生模型、领域模型和教育软件教学策略的数据计算模型,促进学生有效学习的发生。事实上,教育数据挖掘也可以理解为数据挖掘在教育大数据中的应用。

二、教育数据挖掘的发展

(一)教育数据挖掘的学科领域

　　教育数据挖掘是一个结合了计算机科学、统计学和教育学的跨学科领域。这三个学科成对交叉,又形成了基于计算机的教育、数据挖掘与机器学习、学习分析三个领域。这三个领域中与教育数据挖掘最相似的是学习分析,教育数据挖掘与学习分析在研究方向

---

　　① 李婷,傅钢善. 国内外教育数据挖掘研究现状及趋势分析[J]. 现代教育技术,2010,20(10):21—25.

和研究人员方面有相当大的重叠,见图 7-9。^① 不同的是,教育数据挖掘研究人员通常使用自动化的方法来探索教育数据,如利用教育数据进行数据挖掘与机器学习,而学习分析研究人员更感兴趣的是以人为主导的方法。^②

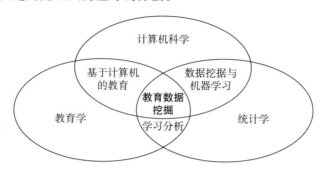

图 7-9　教育数据挖掘相关研究领域

(二) 教育数据挖掘的发展阶段

我国教育数据挖掘的发展大致可以分为三个阶段。^③

第一个阶段是萌芽阶段(2002—2011 年),随着 Coursera、中国大学 MOOC 等在线学习平台的快速发展和教育信息化进程的快速推进,我国教育数据挖掘研究的规模也开始扩大。

第二个阶段是上升阶段(2012—2014 年)。2012 年,美国教育部发布的《通过教育数据挖掘和学习分析促进教与学》的报告中提出,以数据为导向转变教育和学习模式。在这之后,一些学者认为,当今社会已经进入了一个"数据驱动教育"的新时代。

第三个阶段是快速发展阶段(2015 年至今)。教育数据挖掘在 2015 年获得了前所未有的关注。《中国基础教育大数据发展蓝皮书(2015)》中提到,2015 年被认为是"中国教育大数据的元年",并提出了教育数据挖掘的六大发展趋势和五大挑战,同时对教育行业提出了一些发展建议,该文件的发布对促进国内教育大数据行业和教育数据挖掘的健康发展具有重要意义。

---

① 周庆,牟超,杨丹. 教育数据挖掘研究进展综述[J]. 软件学报,2015,26(11):3026—3042.

② 杨永斌. 数据挖掘技术在教育中的应用研究[J]. 计算机科学,2006(12):284—286.

③ 李宇帆,张会福,刘上力,等. 教育数据挖掘研究进展[J]. 计算机工程与应用,2019,55(14):15—23.

三、教育数据挖掘的流程

在教育数据挖掘中,数据转换为知识的过程分为三个步骤和四个处理阶段。三个步骤为数据准备、数据挖掘及分析与评价;四个处理阶段为数据采集、数据预处理、数据挖掘及模型解释与评估(见图7-10)。从教育角度来看,这是一个从教育环境生成的数据中发现知识并利用它改善教育环境的循环。因此,教育环境不仅是教育数据挖掘研究的起点,也是教育数据挖掘研究的终点。下面将对教育数据挖掘的四个处理阶段进行详细介绍。

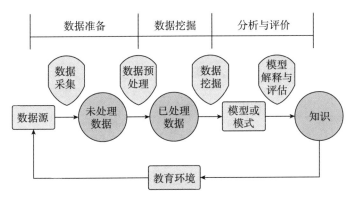

图 7-10 教育数据挖掘工作流程

(一)数据采集

针对传统课堂、信息化学习或网络教学等不同的教育环境,可以采集不同类型的数据来解决不同的教育问题。这些未处理的数据通常包括三种类型:结构化数据,如学生数据库;非结构化数据,如教学视频、教学音频和学生图像等;半结构化数据,如电子邮件、教学数据库等。[①] 如果想对这些教育数据进行整合和集成,这时就需要进行数据预处理。

---

① 余胜泉,李晓庆.基于大数据的区域教育质量分析与改进研究[J].电化教育研究,2017,38(7):5—12.

（二）数据预处理

数据预处理包括数据清理、数据规范和数据转换等。在教育环境中，数据预处理是一项重要而复杂的工作。有时，数据预处理工作需要占据教育数据挖掘过程总时间的一半以上。

（三）数据挖掘

数据挖掘技术中的分类回归、聚类、关联规则、推荐系统等方法在教育领域得到了广泛的应用，但即使是相同的算法在教育领域也有不同的应用场景。

（四）模型解释与评估

这一阶段是对利用数据挖掘得到的模型进行解释与评估，从而判断其是否能达到预期效果。在模型解释与评估中应用最广泛的是可视化技术，它使教育者能够清楚地了解挖掘出的数据得到的结果，并作出精准的教学决策。

四、教育数据挖掘的应用

（一）个性化学习服务

个性化学习服务可以为学生提供最合适的学习资源，如课程推荐、个性化干预、开发预警系统等。[①] 目前，在教育数据挖掘领域，关于个性化学习服务主要有以下两种类型。

1. 基于推荐系统的个性化学习服务

基于推荐系统的个性化学习服务主要包括基于内容的推荐算法、协同过滤算法和混合推荐算法，如为学生推荐合适的学习活动、为学生推荐合适的大学、根据学生知识点的掌握程度推荐难度合适的试题等。

---

① 杨秀姝,扈辉.数据挖掘视角下的个性化学习支持服务建模策略:以玉环县城关一中数字化校园平台为例[J]. 中国高新区,2017(11):78—79,81.

2. 基于数据挖掘的个性化学习服务

个性化学习服务的数据挖掘方法主要包括聚类算法、分类算法和关联规则。比如：基于最小二乘法的自动推荐方法，可以根据学生的学习风格自动推荐学习内容；利用决策树算法对学生进行分类，可以获取各类学生的个人信息，为学校提供决策建议；使用算法来分析关联规则，通过分析学生的学习记录，可以为学生推荐合适的课程。

案例 7-1

Knewton 自适应学习系统

为学生提供满足其学习需求的教学资源，需根据实际情况制订学习计划，如学生的学习环境、学习特点、认知水平和学习环境，并参照学生的学习过程设计相应的教育活动，使学生最终达到自适应学习的目的，这是教育工作者迫切需要解决的问题之一。

Knewton 是一家提供自适应学习解决方案的公司。Knewton 开发的自适应学习系统可以实时监控学生的学习过程，根据学生的学习数据推荐合适的学习路径和学习资源，及时调整教学活动，并帮助学生进入最佳学习状态，实现基于大数据的自适应学习。Knewton 构建了一个基于规则的自适应基础设施，支持实时处理大量教育数据，使用概率图模型、记忆和学习曲线等理论和方法准确评估和预测学生的学习情况。为了确保自适应学习的连续性，Knewton 自适应学习系统持续监控和采集学生的学习数据，分析学生的学习方法、学习兴趣和学习盲点，并使用相关技术和算法关联学生数据信息，根据预测结果为学生提供可选的个性化学习路径，以提升学生的学习效果。

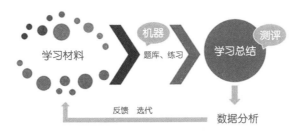

自适应学习系统基础过程

（二）学习效果预测

学生的学习效果预测是教育数据挖掘中一个常见的应用。研究人员通常使用学生的个人信息、每门课程的历史数据和学习行为,通过评分算法和回归建立模型,预测学生未来的学习成绩。

案例 7-2

普渡大学的课程信号系统

为降低新生留级率和提高学生考试通过率,美国普渡大学引入了课程信号系统,其目的是帮助学生尽可能地融入课程学习,以帮助他们在课程学习中获得成功。如果数据分析和预测结果显示学生可能存在学习危机,系统将发出相应的预警信号,并及时进行干预指导。该信号类似于学生学习界面和教师控制界面中显示的交通灯:红灯表示学生的课程学习可能会失败;黄灯表示学生在课程学习过程中存在问题,可能导致学习失败;绿灯表示学生在这门课上有很大的机会成功。根据系统的预警信号,教师可以通过电子邮件、文本或对话的形式为学生提供指导。他们还可以通过该系统为学生推荐合适的学习资源,帮助学生顺利通过课程。

普渡大学课程信号系统的运行有助于学生获得课程学习的成功,帮助教师完成课程教学,提高教学质量,优化教学效果,同时也阐释了教育大数据在干预早期学术预警中的价值,为大数据应用于教育其他方面奠定了的基础。

（三）学习行为研究

学习行为研究是指研究人员通过社交网络分析、聚类算法、分类算法等方法,对学生群体的行为数据进行探索和分析,以充分了解学生的学习习惯和学习特点。教师可根据学生的行为特点,制订相关的教育计划或将学生分成学习风格互补的学习小组,以提高学习效率。

案例 7-3

奥斯汀佩伊州立大学的学位罗盘个性化课程推荐系统

奥斯汀佩伊州立大学有近 50% 的成年学生,这使得该大学的课程安排难以满足大多数学生的个人需求,也不利于学生学业成绩的提高。基于这种情况,该学校通过学习分析技术构建了一个学位罗盘,通过学位罗盘为学生进行个性化课程推荐。学位罗盘个性化课程推荐系统的工作流程分为如下几个步骤。① 系统需要详尽地收集学生的历史学习数据。② 从毕业生或更高学年的学生数据库中检索和查阅与某一学生学术状况相似的学生数据,运用学习分析技术分析两名学生的课程成绩与课程学习之间的相关性,从而推测当前某一学生学习该课程可能获得的成绩。③ 结合学生的学习需求和课程重要性,为学生提供个性化的课程推荐表,并给出表中课程的推荐指数。学位罗盘个性化课程推荐系统分析学生学习数据之间的关联程度,帮助学生在课程选择阶段能够选择满足其需要的课程,不仅提高了学生学业成绩,实现了真正意义上的个性化教育,而且为教育大数据的应用提供了可靠的依据。

个性化课程推荐系统的工作流程

第三节　人工智能时代的教学数据决策

一、基于数据的教学决策概念

（一）教学决策

微课

知识链接

国外有学者将教学决策定义为：教师经过理性思考和权衡各种教学方案后，根据一定标准选择教学行为的过程。[①] 我国学者曾将教学决策局限于课堂，提出了课堂教学决策的概念，即教师通过分析课堂教学的动态系统进行决策，或为了达到课堂教学的目的，对课堂教学的方向、目标、原则和方法所作出的决定。

教学决策是教师必备的一项基本技能。它是教师在特定的教学情境中感知和处理信息，并根据自己的知识和技能储备作出选择的过程。然而，随着我国教育改革的深入，教育环境发生了巨大的变化，在工业社会背景下形成的许多教学决策方法越来越难以适应教学的发展。

目前，我国教师教学决策主要面临以下问题：① 教学设计和准备阶段的决策缺乏系统考虑教育要素的决策意识，容易过于依赖经验；② 教学互动实施阶段的决策缺乏对教学过程准确判断的决策能力，容易陷入常识的误区；③ 教学评价阶段的决策缺乏对教学过程进行有效评价的工具和方法，容易产生感官错误，缺乏科学依据。

（二）基于数据的教学决策

当前，教学决策遇到了许多困难，如在教学规划阶段依赖经验的主观判断、在教学互动阶段缺乏应急反应、在教学评价阶段缺乏反馈等。教学决策的主要变革方向是从依赖经验和直觉的决策转变为基于数据的科学决策。基于数据的教学决策发生在循证文化

---

① 冯仰存. 数据驱动的教师教学决策研究综述[J]. 中国远程教育,2020,41(4):65—75.

与丰富的学习数据的碰撞中。与传统的教学决策相比,科学方法的有力支持对决策理念的发展起到了积极的推动作用。

结合国内外众多学者的观点,本书认为基于数据的教学决策是指教育者系统挖掘、收集各类优质的学生学习表现数据,经过信息化、知识化处理,有效提升学生学习效果的系列决策活动。基于数据的教学决策能够帮助教师避免以往教学决策过程中的"常识"错误、"主观"错误和"感官"错误,突出教师作为教学决策者和决策执行者的主体作用;从教学数据和学习数据中发现教学线索,生成教学事件,有助于满足学生的学习需求,提高教学效果,促进学生的有效学习。

二、基于数据的教学决策变革

人们可以通过直觉、经验和逻辑分别作出决策,也可以通过这三种方式组合作出决策。数据在教师决策中的介入将提高教师决策的有效性,也将导致决策理念、决策主体和决策过程的变化。[1]

(一)决策理念:从经验决策到证据决策

"循证"的概念主要来源于 20 世纪 80 年代西方国家临床医学形成的基于证据的医学。其核心概念是循证实践。从那时起,循证实践运动已经出现在各个学科的实践领域,如循证教育学和循证管理学。教学决策和医学决策有着相似的决策过程:发现问题、收集证据、作出判断、制订和实施计划。数据在整个教学决策过程中都发挥着重要的作用,根据证据作出的教学决策更加科学可靠,从依赖主观经验走向基于数据证据。循证文化的作用及数据的可获取,将促使决策理念转变为基于证据的决策。值得注意的是,基于证据的决策不是意味着将教师的个人经验完全排除在外,而是在证据的基础上再融入教师的经验,探索学习数据、教师经验与学生学习需求三者之间的有效结合。

---

① 管珏琪,孙一冰,祝智庭.智慧教室环境下数据启发的教学决策研究[J].中国电化教育,2019(2):22—28,42.

（二）决策主体：从关注集体到关注个人

过去，由于数据采集方式有限，教师的时间和精力有限，教师很难掌握每个学生的个人情况，也很难进行个性化教学。技术环境的改善使得"获取小数据"和"积累大数据"成为可能。根据数据分析的结果，教师可以准确定位学生个体，准确预测学生的学习需求，根据需求进行教学调整，将关注班级集体转向关照到个别学生。此时，相应地对决策主体——教师在教学中有意识地收集、整理、分析、表达和交流数据的能力提出要求，如将数据转化为信息所必需的信息素养、技术素养、决策技能、评价技能等。

（三）决策过程：从数据信息到知识智慧

在基于数据的教学决策中，数据是一组关于学生及其学习的数字，可以记录和收集，数据本身没有价值倾向。为了更好地为教育和教学服务，数据需要在信息、知识，甚至智慧方面进行改进。从"数据、信息、知识和智慧"的层次结构来看，数据处于未处理状态，没有情境意义，可以以任何形式存在；信息是数据分析和归纳的结果，与特定情况相关的数据有助于决策者理解数据并形成意见；知识是在总结信息和发现信息对解决问题的价值的过程中产生的，在决策者的头脑中内化，并指导决策者的决策行为；智慧是知识被付诸行动，以产生基于洞察力的决策方案。基于数据的决策过程是以技术为中介的数据飞跃和获取信息、知识和智慧的过程。只有将数据处理成信息，将信息转化为知识，才能产生智慧，促进决策。

三、基于数据的教学决策设计

（一）学习数据收集

学习数据是用来收集和组织的所有与学生相关信息的载体，是学生学习状态的真实反映。[①] 在智能教室环境中,人工智能技术参与教学,使得记录整个课堂或个人的非结构化教学过程成为可能。根据数据来源渠道,需要收集且可以被收集的学习数据大致可分为以下几种数据类型。

1. 学习过程数据

学习过程数据是指,学习终端、课堂互动系统、资源学习系统和网络化学习空间生成的学习行为数据、教学互动数据等。在整个教学过程中,这些数据将形成一个完整的数据系统,包括课前、课中和课后。

2. 教学评估数据

教学评估数据是指,教育管理系统记录的各种评估活动中生成的数据,如课堂练习、课后作业和阶段测试等,这些数据可以评估学生的课堂表现和学习变化情况。

3. 学生心理数据

学生心理数据是指,通过摄像头和表情识别技术,在课堂环境中实时获取学生的学习表情、注意力等数据。这些数据可以评估学生的学习状况,关注个体学生。

4. 学生生理数据

学生生理数据是指,通过使用智能设备等可追踪设备记录的学生的心率及其他身体状况的数据。例如,体育教师通过智能腕带监控获得的所有学生的运动量和身体状况等数据。

(二)基于数据的教学决策过程

循证教学法强调教育者必须以证据为基础进行教学,基于数据的教学决策可以包括三个阶段:证据设计、证据形成和基于证据的决策,见图 7-11。证据设计阶段是教师明确决策重点、确定决策目标,并使决策具有可操作性的过程。证据形成阶段是教师建立数据库和进行数据研究的过程,涉及收集数据、筛选数据和形成信息,以便查明问题、分析原因和指导决策。根据以上两个步骤,教师将制订决策计划,实施精确的教学决策,并反

---

① 陈明星,钱鹏.让数据使用有效:数据素养在教育者决策中的应用[J]. 图书馆杂志,2018,37(2):33—38.

思决策的效果。

1.证据设计阶段

每个决策都有一个特定的目标方向。教师应选择适当的教学问题,明确决策重点,确定决策目标,并实施决策过程。在确定决策目标的基础上,通过目标数据选择、目标数据分解和目标任务设计三个环节准备证据的收集。首先,教师选择的目标数据应易于获取,并且是与决策目标相关的变量,这是把握有效教学决策的关键;其次,教师必须对选定的目标数据进行分解,提取其主要内容,并确保这些数据的可用性;最后,确定获得这些数据所依赖的观察和测量方法,并形成刺激这些观察的设计。例如,考虑到教学计划阶段的"学习目标"是教学决策的重点,决策目标是对"学习目标"的精确定位,可以帮助学生制订有针对性的学习计划,提高学习效率。此时,教师就可以根据课程标准和收集到的学情数据为学生设定个性化的学习目标。课程标准规定了学生应达到的基本学习目标,因此需要根据学生学习现况及学习需求落实学习目标。知识结构的完整性是代表学生学习状态和需求的重要数据,教师可以设计相应的观察和测量工具,如开展与知识点相对应的课前练习,并从学生反馈中推断为决策服务的基本证据。

2.证据形成阶段

在实施学习任务的过程中,智慧教室环境下的学习终端、课堂交互系统、评测系统等会记录、收集学生的相关学情数据,教师也可以手动记录学习数据。这些数据包括学生在学习过程中产生的互动数据,如微视频学习期间的暂停、回访、观看时长、尝试次数、测试情况等;课堂学习过程中产生的数据,如学习行为数据、心理状态数据等;反映学生学习成果的评测数据,如测试结果、问卷调查结果、教师评估数据、作业数据等。教师可以借助智能工具,及时对这些数据进行分析并获得可视化的分析结果,如练习结果和测试结果的统计分析图;同时,教师还可以根据需要手动筛选和分析数据。结合这些数据及其可视化结果,教师发现问题,分析原因,并将数据重新映射到决策目标,并根据数据形成有利于决策的证据,如学生个性问题、学习倾向、思维变化、学习情绪、学习效果等。

3.基于证据的决策阶段

基于证据的决策是在有效数据反馈的基础上进行的。教师检查上述证据,并根据一

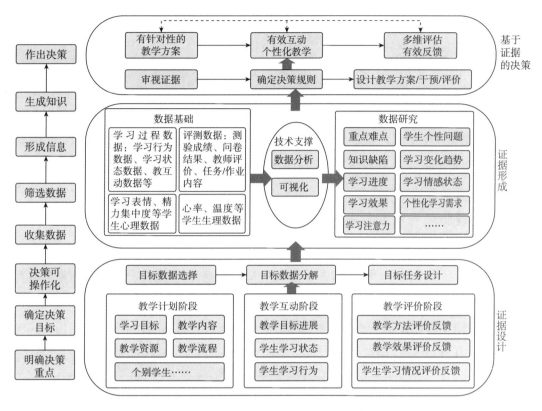

图 7-11　基于数据的教学决策过程

定的决策规则设计有针对性的教学计划、干预措施和评价手段等。教学计划阶段的决策是生成有针对性的教学方案，服务于课堂教学的有效实施。教学互动阶段的决策是根据当前课堂问题所在，精确调整互动主体、互动形式、互动时机以支持课堂的有效互动。教学评价和反思阶段的决策侧重于提高评价的时效性、丰富反馈信息的形式，更好地服务于教学的反思、预测和重新设计。其中，三个阶段之间的决策关联互动，是"决策—实施—反思"的大循环运行过程，而教学互动阶段的每一个权变应对都是"决策—实施—反思"的小循环过程。教学计划阶段的决策将直接影响课堂教学互动的开展，而教学设计阶段确定的学习目标和评价都将有助于教学评价和反思阶段的决策。

四、基于数据的教学决策案例

本小节以上海教育出版社出版的《数学：四年级 上册》中《三角形的内角和》这一学习

内容为例,呈现基于数据的教学决策案例。

(一) 预学习活动设计

预学习阶段,教师为学生提供学习《三角形的内角和》这一内容的交互式微视频和导学单,学生根据导学单完成微视频的学习、实验探究、同伴交流和在线检测。其中,微视频围绕"三角形的内角和是不是一个固定的值?"这一核心问题进行设计;预学习过程通过三个学习任务分解学习难度:

(1) 创设情境,观察任意三个角度数的变化;

(2) 度量不同的三角形内角度数并计算其和;

(3) 教师介绍"验证内角和"的实验操作方法,引导学生思考:如何运用几何证明的方法论证猜想?

预学习活动旨在让学生经历观察、猜想、证明等学习过程后,发展演绎推理能力。预学习活动设计过程见图 7-12。

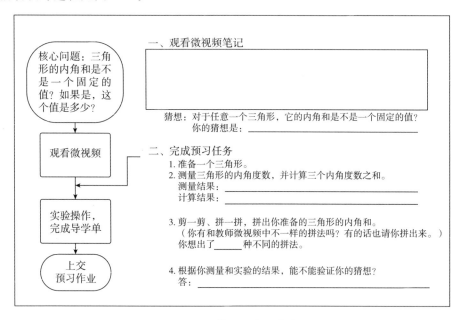

图 7-12　预学习活动设计过程

(二) 学习数据及其分析

预学习活动结束后,教师收集到了以下数据。

1. 学生微视频学习时间、停顿点

所有学生都在线观看了微视频,其中95％的学生花费的时间在15分钟以内,5％的学生花费的时间超过了30分钟。教师将重点关注学生在学习过程中的困难,学生在观看微视频过程中的停顿点主要分布在"实验操作方法"部分,导致这种情况可能有两方面的原因:一方面是学生正在跟随微视频中的实验方法进行操作验证;另一方面是学生不理解教师演示操作的理论依据而出现疑惑,即可推断其前置知识"平行线的性质"还没有全面掌握。

2. 在线检测反馈

全班有82％的学生得到了三角形内角和为180°的猜想,18％的学生在测量角度时出现误差。这说明学生通过测量和计算都能得出猜想,探讨运用几何证明方法来验证猜想可作为课堂教学的起点和重点。从学生"剪一剪、拼一拼"的结果中发现了四种验证三角形内角和的方法,如图7-13所示,为课堂导入提供了生成性内容,也反映了学生思维的不同特点。

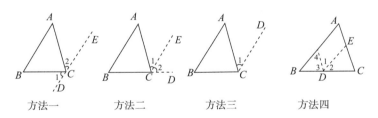

方法一　　　方法二　　　方法三　　　方法四

图 7-13　四种验证三角形内角和的方法

（三）预学习分析与教学设计的连接

结合学生在微视频学习过程中的停顿点及学生提交的验证猜想的方法可了解部分学生的知识薄弱点,即还不能灵活运用前期所学的平行线相关知识。预学习反馈表明学生可提出猜想,但是对于如何将实验操作中得到的方法转化为添加辅助线的方法还存在困难,这也就成为课堂教学的重点问题。学生提交的验证猜想的方法存在思维和数量方面的差异,教师重点关注未能提出验证猜想方法的学生,并结合课堂学习情况为其提供个性化的学习指导。课堂教学即以汇聚共享学生预学习过程中得到的猜想和提交的验证三角形内角和的方法为课堂导入,让学生在协作学习活动中探究归纳几何证明三角形

内角和的方法;根据学生预学习中反映出的思维特点、知识薄弱点进行异质分组,教师引导学生通过组内思维碰撞拓展各自的知识及思维广度与深度。

第四节 人工智能时代的教育精准评价

一、信息时代教育评价现状

知识链接

学习评价经历了测量、描述和价值判断的时代,并逐渐发展到意义建构。传统的以纸笔测试为主要方式的学业评价往往侧重于测试学生的认知水平、记忆和理解能力,对学生的创造性等高阶认知能力重视不够。对于非认知能力的发展,如学生责任意识、情绪调节、合作能力、社会交往等能力的发展情况,传统的纸笔测试更是无法体现。此外,由于数据和技术的双重缺乏,传统的学习评价和反馈结果呈现出延时性和模糊性等特征,制约了其价值的实现。随着信息技术与教育的深度融合,学生的学习环境、学习内容和学习方式都发生了深刻的变化,也带动了学习评价的变化。根据不同的教学评价场景,下面将从大规模学习评价、课堂学习评价和在线学习评价三个方面描述人工智能时代的学习评价。

(一)大规模学习评价

大规模学习评价是一种通过对特定数量学生群体的整体成就水平和教育相关性因素进行价值判断,来监测学生学习效果和判断教育政策绩效的评价方式。与传统教育评价使用经典测量理论模型对学生个体进行比较和评估不同,大规模学习评价更注重对不同学生群体的能力评价。

在国外大规模学习评价中,最具影响力的是国际教育成绩评价协会发起的国际数学与科学教育成就趋势调查研究(Trends International Mathematics and Science Studay,TIMSS)和经济合作与发展组织发起的国际学生评价项目(Programme for International

Student Assessment，PISA）。① 自 1995 年以来，TIMSS 的评估周期为四年。它通过测试和问卷调查，衡量不同国家学生的数学和科学学习状况，以了解不同国家课程目标的实现程度。其客观分析框架包括三个方面：课程内容、绩效预期和观点，其中观点包括学习态度、学生兴趣等。PISA 项目自 2000 年开始实施，每三年进行一次，测评不同国家15 岁在校生的科学、数学、阅读等核心素养及相关影响因素，以科学地反映学生参与未来社会生活的能力，是对基础教育进行跨国家（地区）、跨文化的评价，为教育教学改进提供有效证据。其评价框架包括四个指标：情况、能力、知识和态度。PISA 侧重于评估学生在知识和应用、认知和思维、价值观和个人能力方面的发展，同时研究影响学生学业成绩的因素。

进入 21 世纪以来，我国也高度重视对学生进行大规模学习评价。从 2007 年开始，我国在义务教育阶段连续八年进行了六个学科的试点测试，其中五次是全国范围的大规模测试，测试样本包括 46 万多名学生、11 万多名教师和校长。测试结果不仅显示学生在相关学科的整体表现，还关注学生的综合素质和健康成长，衡量学生应用知识和解决问题的综合能力。与此同时，该测试还深入调查学生的情感态度、学业负担和教育均衡问题，这也体现了促进学生全面发展的教育理念。2015 年 4 月，国务院教育督导委员会办公室发布了《国家义务教育质量监测方案》，根据我国义务教育学校课程的基本要求，对义务教育阶段的四年级和八年级学生分别进行了测试，使用纸笔测试工具（如学科测试卷和调查问卷）和现场测试工具（如现场演示和项目参与）测试义务教育阶段学生在语文、数学、科学、体育、艺术等学科的学习质量、身心健康等情况，并深入考察影响义务教育质量的主要原因。2021 年 9 月，教育部印发了《国家义务教育质量监测方案（2021 年修订版）》，原《国家义务教育质量监测方案》自该方案执行之日废止。

（二）课堂学习评价

课堂学习评价的最终目的是改进教学，以促进学生的学习。传统的课堂学习评价是基于教师个人经验对学生课堂学习的主观判断。这种基于个人经验的分析难以避免观察者的主观意识对结果的影响。

随着人工智能等新技术在课堂教学中的广泛应用，课堂学习评价呈现出全时段、全方位、多模式的特点，基于过程的课堂学习评价受到广泛关注，越来越多的课堂学习评价开始关注学习情绪、学习态度和学习习惯等。一些教师通过分析视频中学生的神态特征，

---

① 黄忠敬.全球化背景下中国基础教育发展道路论纲[J].教育发展研究，2016,36(22):1—8.

如面部表情、眼神专注度等，来评估学生的学习集中度，进而评估课堂学习效果（见图7-14）。还有一些教师关注学生的学习情绪与学习成绩之间的关系。例如，一些老师发现，学业情绪与学生的认知行为密切相关，是影响智力投入、行为持续性和学业成绩的重要因素。

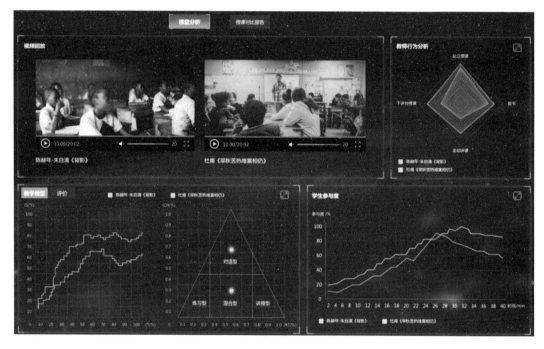

图 7-14　人工智能课堂实时分析

（三）在线学习评价

现在，在线学习已经成为人们学习的重要方式，国内外都在进行广泛的研究。虚拟现实技术、脑电波和眼动监测等智能检测技术使采集多模态数据成为可能。随着深度学习等人工智能技术的快速发展，基于多模态数据的统一表征来开展精准化学习评价已成为在线学习评价的一大趋势。当前，在线学习评价的内容主要包括以下两个方面。

1. 认知诊断

随着心理测量学和认知心理学的进一步发展及现代教育技术的不断进步，诊断测试的价值和意义不再仅仅是提供结果，而是测量和评价学生的认知结构。认知诊断技术能够深入分析学生的知识结构。例如，美国教育巨头麦格劳·希尔公司开发了一个基于人工智能技术的学习评估系统，该系统基于知识空间理论，利用人工智能引擎为每个学生绘制个人知识图谱,帮助学生进行自适应学习。基于深度学习的知识跟踪技术还可以获取学生的学习动态,以便分析他们的学业发展。

2. 情绪态度分析

学生的认知加工过程非常复杂,存在许多相关的显性因素和隐性因素,现有的认知诊断只能诊断显性认知行为,即对知识、学习领域和能力的诊断;然而,相关的隐性因素,如心理和情绪,没有考虑在内。事实上,这些隐性因素也是影响诊断结果的重要因素。忽视这些因素很容易导致诊断模型与实际认知加工过程之间的不相容,从而导致片面的结论。在传统的教育情境下,对学生情感态度的分析通常通过问卷调查、对话和观察等方式进行,但教师很难通过这些方式有效地获得学生的真实情感状态。随着计算机视觉技术的发展,在课堂上监控学生的情绪成为可能。孟菲斯大学开发的智能助手系统可以感知学生情绪和注意力的变化状态,教师可以根据这些变化评价学生的情绪和注意力,进而调整学生的学习方向。

二、人工智能时代精准评价概述

(一) 精准评价特征

人工智能时代的精准评价是以大数据分析为基础的,荷兰阿姆斯特丹大学的九里·德姆琴科将大数据的特征总结为 5V: Volume(大量)、Velocity(高速)、Value(价值)、Veracity(真实)、Variety(多样)。上海师范大学丁念金教授对学习过程评价的理念及评价方法进行了深入的探究,提出学习过程评价的理念是以素质发展为焦点,学习过程评价能够促进学生学习,提高学生学习的自主性,建立起学习个性化的新模式。[①]

本书在结合大数据的特点和学习过程评价特点的基础上,分析了人工智能时代精准评价的六个特征。

1. 支持教与学的双重评价

一方面基于大数据可以开展对学生学习过程的全方位评价。另一方面,大数据也为

---

① 丁念金.学习过程评价的基本构架[J].教育测量与评价(理论版),2012(6):29—32,53.

教师和教学管理者的自我评价、反思和工作改进提供了证据支持。

2. 支持评价样本的收集存储

在技术的支持下,评价者可以收集学生学习过程完整的样本数据,将个人学习的数据分组后,进行有效存储,形成学习的资源。

3. 支持多类型数据的科学处理

大数据采集技术可以实时收集教与学过程中的学生特征数据、学情数据和学习行为数据等多种类型数据,确保评价实施的可行性和可持续性。大数据分析技术可以挖掘数据背后的潜在关系,评价学习过程,提高评价的可信度和科学性。

4. 支持学习过程的可视化分析

大数据可将数据分析结果可视化处理,将抽象的个人学习过程可视化,以直观地反映学生的学习过程。

5. 支持"一人一标准"的过程评价

大数据为解决"多人同模式"评价提供了技术支持。在学习过程中,可以根据每个学生的日常学习资源和学习工具使用情况,分析学生的心理特点和学习特点,推荐符合学生个人兴趣与能力的学习资源,从而促进学生的自适应学习,提高学习效率。

6. 支持学习行为的监督预测

大数据将一系列的数据进行采集、处理、分析和制作,及时记录和分析学生学习过程中的互动数据,为教师和家长提供实时监督。

(二)精准评价框架

新课程标准针对传统教学场景,提出了"知识与技能、过程与方法、情感态度与价值观"的立体化教学目标。对于在线教学场景,华中师范大学黄涛教授构建了一个内外部因素共同驱动的精准评价框架,从"动机、认知、情感和社会"四个方面对学生进行深入分析和评价。[①] 精准评价框架如图 7-15 所示。

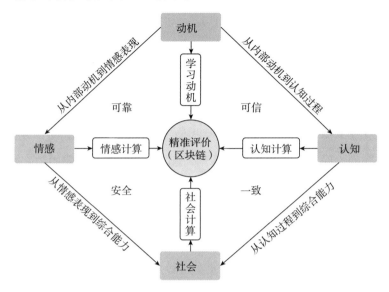

图 7-15 精准化学习评价框架

基于数据驱动的精准评价框架,集成了人工智能、云计算、学习分析和情境感知等新兴技术,在多维时空尺度上全面收集学习过程中的多项数据。从图 7-15 中可以看出,通过全面提取、统计和分析数据,从学生的内部动机,到认知过程和情感表现,最后到综合能力,对学生进行全面、多维度、及时、准确的评价。在此过程中,区块链技术作为核心,能够存储和保护学生数据的隐私,使评价结果可信、可靠、安全、一致,为促进学生的全面发展提供了支持。

三、人工智能时代精准评价机制

人工智能时代的精准评价是一种记录、收集、处理多空间、多场景、多周期和多过程数据的评价方法,目的是使数据在平台之间流动和积累,实现"1+1＞2"的效能。它包括多场景数据采集、多空间数据融合、精准分析模型构建和分析结果可视化等要素。多场景数据采集为学习评价提供了数据源和量化手段,多空间数据融合为学习评价提供了统

---

① 黄涛,赵媛,耿晶,等.数据驱动的精准化学习评价机制与方法[J].现代远程教育研究,2021,33(1):3—12.

一的数据模式,精准分析模型构建为面向数据的分析和评价提供了方法,分析结果可视化为评价学习提供了反馈和应用服务。

(一) 多场景数据采集

学习空间不仅是学习活动的基本环境,也是教育数据生成、应用和迭代流动的重要场所。由于信息技术的介入,学习空间已经从传统单一的课堂实体转变为物理空间和网络空间高度整合的空间。无论是什么样的学习场景,都会产生相应的教育数据。与传统学习空间相比,集成学习空间的场景更加多样化,包括物理场景、社会场景和认知场景等。由于学校、图书馆等传统教学场景的数字化、智能化水平滞后,教学场景中学习数据的采集主要依靠人工观察、用户自报等手段。随着人工智能、物联网技术的发展,可以收集到传统教学场景中的各种数据。研究人员可以利用电子数据检测技术、一卡通、监控视频、智能移动终端、可穿戴设备、二维码、无线网络设施等,随时感受和测量学习数据、生理数据、行为数据、管理数据等,并将相关数据进行登记和存储,实现多场景数据采集。

(二) 多空间数据融合

教育数据不是同时进行分析和处理,而是根据评价目标和评价对象,从不同场景、不同时间节点、不同频率、不同持续时间、不同大小的数据中选取数据进行综合分析的,这也导致了数据采集可能存在数据不一致、噪声干扰和缺失值等问题。为了方便计算机识别和处理数据,有必要将采集到的数据转换为结构化、半结构化和非结构化的样式,并对数据进行标准化处理,为下一次数据建模做好准备。这个过程涉及的主要步骤包括数据清理、数据集成、数据规范和数据处理。值得注意的是,融合化空间数据可以用于建模和分析。例如,学习投入评价可以收集学生在观看视频时的反馈频率,也可以根据学生的面部表情和坐姿进行分析,面部表情还可以作为分析学习兴趣的依据之一。

(三) 精准分析模型构建

精准分析模型构建是评价学习过程的关键步骤。首先是根据不同的评价目标建立相应的评价指标体系;其次对评价指标体系中的评价维度进行数据表征,收集多源数据;最后,在机器学习、深度学习、自然语言处理、数据提取、计算机视觉等技术的基础上,对获得的标准化数据进行建模,得出分析结果。分析模型主要包括学生肖像、预测模型和预警模型。学生肖像通过收集基本信息、学术数据、学习资源等实时数据,根据文本挖掘、自然语言处理等方法,描述学生的学习和个性特征,以帮助利益相关者了解学生的学习情况。预测模型基于不断变化的学术数据、心理数据和生理数据。通过语义相关分析方法,可以诊断学习状态并预测未来的变化。预警模型是在预测模型的基础上建立起来的,它是下一阶段的预测和预警的结果。

(四)分析结果可视化

计算机建立的分析模型是抽象的,难以理解的。如果计算机自动进行分析和判别,并为教师或学生提供相关的学习资源,则分析结果无须直观显示。然而,人在教育中的作用是不可替代的。无论空间如何融合,最终的学习数据和学习分析结果都需要为教师教学服务。因此,在经过精确的分析和建模后,需要将分析结果转换为易于理解的图形和图像,即分析结果应可视化。可视化分析工具的设计是"数据驱动教学"的核心。当前应用较多的学习仪表盘,被定义为:为了支撑和改进学习和表现,对学习分析结果进行可视化和直观显示的学习分析工具。它可以直观地呈现学生学习的相关信息,如学习点的掌握情况、学习进度、登录次数等。知识图谱是揭示科学知识发展过程与结构之间关系的可视化工具,用于绘制、分析和显示学科或学术研究主题之间的关系(见图7-16)。

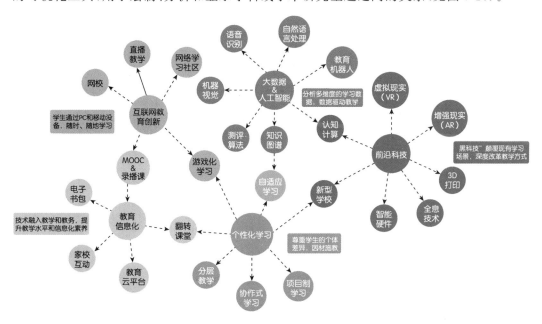

图7-16 可视化知识图谱

四、人工智能时代精准评价案例

（一）课堂教学精准评价案例

教师课堂教学评价是在课堂教学中，根据课堂教学理论和教学规律，运用观察的手段收集课堂教学过程的事实性材料，对教师行为及其行为所导致的结果作出价值判断的过程，具有诊断反馈、激励向上、改进教学等功能。课堂教学评价是教育评价的研究重点和重要组成部分，也是促进教师专业发展、提升课堂教学质量、深化教育改革的重要手段和关键环节。下面以蚌埠高新教育集团实验中学为例，介绍人工智能技术赋能课堂精准教学评价的实践情况。

2021年，蚌埠高新教育集团实验中学依托智慧课堂信息化平台，利用认知智能国家重点实验室智能教育研究中心开发的"智慧课堂教学评价指标体系"开展课堂教学评价。蚌埠高新教育集团实验中学基于人工智能技术开展的课堂教学评价中的主要应用有如下几个方面。

1. 自动采集和分析课堂教学过程数据

根据学校的智慧课堂教学评价方案和"智慧课堂教学评价指标体系"，明确了需要采集的数据，如课堂实录数据、课堂互动数据等，通过智慧课堂信息化平台可以通过伴随式采集的方式采集这些课堂教学的过程性数据。此外，针对采集到的数据，平台可以自动进行数据分析和建模。

2. 智能生成课堂教学报告

智慧课堂信息化平台可以对采集到的课堂教与学数据进行分析，并自动生成可视化的课堂教学报告。学校管理者、教研人员及教师可以查看这些报告，辅助开展课堂教学评价和反思。课堂教学报告主要包括课前学情诊断报告、实时测评和互动报告、课堂教学风格报告等几种类型。

3.基于报告进行评价与反馈

智慧课堂教学评价小组成员根据教师的教学设计、教学视频和系统提供的教学分析报告,使用智慧课堂教学评价表对学校教师的课堂教学进行评价,同时,每位被评教师也使用评价表进行自我反思。一轮评价活动后,评价小组对评价数据进行汇总统计和详细分析,并将评价结果和改进建议反馈给教师。通过此种方式可以帮助教师发现、总结智慧课堂教学中的问题,进一步改进和优化教学。

(二) 在线课程精准评价案例

北京师范大学的"互联网＋教育"cMOOC平台的课程精准评价,在评价方式上使用了学生个人学习报告,包含了对个体活跃度、内容贡献度和学生的学习状态等多个维度的综合性评价。该课程的学习平台主要通过 WordPress 实现内容管理,通过 Odeon 平台实现数据汇聚。WordPress 包含模板和插件两个子系统。模板系统支持 cMOOC 平台的框架和主要功能;插件系统支持 cMOOC 平台的功能迭代,包括教学数据分析、新增的评价报告等。Odeon 平台主要负责数据采集、数据管理、数据分析、数据推送等。数据计算的结果经过可视化处理后输出成不同的图表,如反映学生画像的雷达图、反映个体活跃度的社会关系图及反映内容贡献度的概念网络关系图等,这些图表在个人学习报告中呈现。以下是该课程精准评价关注的三个主要维度。

1.个体活跃度评价

个体活跃度评价是通过对三类学习行为,分别是交互行为统计、交互时段统计和社会网络关系,进行可视化分析。个体活跃度重点评估学生在平台的互动情况。社会交互可以用社会网络关系来表征。在 cMOOC 平台中,社会网络关系是对平台参与者关注、点赞、评论等交互关系的表征。

2.内容贡献度评价

学生对内容的贡献度可以用概念网络关系来表征,描述概念网络关系水平的三个评价维度:概念数量贡献度、概念热度贡献度和认知参与度。学生在积极发表观点和评论的过程中,系统能够自动捕捉、分析和提炼学生的热点关键词并绘制成词云图,便于学生回顾课程内容。此外,系统支持"相似关键词"用户推荐功能,帮助学生发现与自己志同道合的学习伙伴,有助于学习社区互动交流。

3. 学习状态评估

cMOOC 平台会计算每位学生在每个维度上的得分,通过雷达图对学生的学习状态进行可视化分析。雷达图能直观地反映学生的风格偏好,例如学生在反思维度上得分最高,说明学生的学习行为倾向于反思型。"当前平台最高水平"和"证书标准"可以为学生提供参照物,帮助学生清晰客观地了解自身的学习状态,并促进学生进行改进。

参考文献

[1] 雷云鹤,祝智庭. 基于预学习数据分析的精准教学决策[J]. 中国电化教育,2016(6): 27—35.

[2] 孙曙辉,刘邦奇,李鑫. 面向智慧课堂的数据挖掘与学习分析框架及应用[J]. 中国电化教育,2018(2):59—66.

[3] 胡水星. 大数据及其关键技术的教育应用实证分析[J]. 远程教育杂志,2015,33(5): 46—53.

[4] 胡弼成,王祖霖. "大数据"对教育的作用、挑战及教育变革趋势:大数据时代教育变革的最新研究进展综述[J]. 现代大学教育,2015(4):98—104.

[5] 王良周,于卫红. 大数据视角下的学习分析综述[J]. 中国远程教育,2015(3):31—37.

[6] 何克抗. 大数据面面观[J]. 电化教育研究,2014,35(10):8—16,22.

[7] 徐鹏,王以宁,刘艳华,等. 大数据视角分析学习变革:美国《通过教育数据挖掘和学习分析促进教与学》报告解读及启示[J]. 远程教育杂志,2013,31(6):11—17.

[8] 祝智庭,沈德梅. 基于大数据的教育技术研究新范式[J]. 电化教育研究,2013,34(10):5—13.

[9] 吴永和,陈丹,马晓玲,等. 学习分析:教育信息化的新浪潮[J]. 远程教育杂志,2013,31(4):11—19.

[10] 杨永斌. 数据挖掘技术在教育中的应用研究[J]. 计算机科学,2006(12):284—286.

第八章
人工智能时代的教育展望

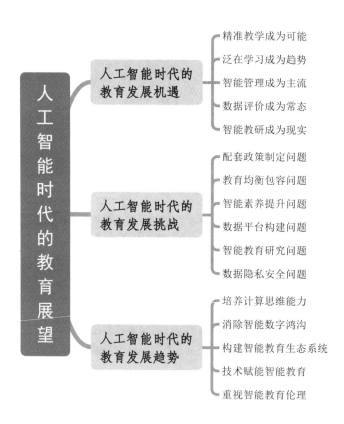

人工智能时代的教育展望

人工智能时代的教育发展机遇
- 精准教学成为可能
- 泛在学习成为趋势
- 智能管理成为主流
- 数据评价成为常态
- 智能教研成为现实

人工智能时代的教育发展挑战
- 配套政策制定问题
- 教育均衡包容问题
- 智能素养提升问题
- 数据平台构建问题
- 智能教育研究问题
- 数据隐私安全问题

人工智能时代的教育发展趋势
- 培养计算思维能力
- 消除智能数字鸿沟
- 构建智能教育生态系统
- 技术赋能智能教育
- 重视智能教育伦理

人工智能将会成为影响未来教育的关键性技术,会给教育的各个方面都带来变革,那么在人工智能时代的教育面临什么样的挑战与机遇？教育又将朝着怎么样的方向发展？下面让我们一起探讨这些问题。

第一节　人工智能时代的教育发展机遇

正如著名教育心理学家、教学设计专家理查德·梅耶所说:任何一种新技术被引进到教育领域,都会被人们寄予厚望。[①] 人工智能技术也是一样,但目前,它在教育领域中的应用既有机会,也有挑战。2019 年,联合国教科文组织发表了《教育中的人工智能:可持续发展的挑战和机遇》,提出了人工智能的远景应该是提高教学质量、增进教育平等的论断。随着人工智能技术在教学中的广泛运用,它促进了信息技术和教育的结合与创新。回顾人工智能在教育中的发展,从最初的规则表达和推理,到现在的自然语言处理、语音识别和图像识别,智能学习方式从最初的专家学习到机器学习,在算法模式上也有了明显的改善,而大数据也成为人工智能的教育应用的主要推动力。大数据智能是以数据为基础,以认知运算为主要手段,通过对海量信息的挖掘,从而实现基于这些数据分析的智能决策。目前,大数据已成为业界关注的焦点,以数据为基础的智能决策和服务也

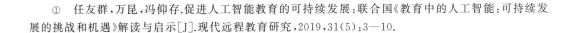

① 任友群,万昆,冯仰存.促进人工智能教育的可持续发展:联合国《教育中的人工智能:可持续发展的挑战和机遇》解读与启示[J].现代远程教育研究,2019,31(5):3—10.

是目前国内外学者关注的一个重要研究热点。在教育中,数据不仅能说明教育现象,而且还能反映出教育的规律,以及将来的发展趋势。以数据为导向的教学方式,促使了教育研究由经验主义转向了数据主义与实证主义,以数据为基础的人工智能将会成为未来教育信息化的新趋势。[①] 根据《教育中的人工智能:可持续发展的挑战和机遇》中的内容,并结合现有的研究,本节在此基础上,详细介绍了人工智能时代的教育的五个发展趋势。

一、精准教学成为可能

1632 年,捷克教育家夸美纽斯在其专著《大教学论》中提出了班级授课制,此后班级授课制得到迅速推广,成为西方学校教学的主要组织形式。直到现在,班级授课制仍是我国各级各类学校教学的基本组织形式。班级授课制的出现的确让教学效率得到了极大的提高,也为工业革命提供了大批的人才。然而,统一的教学模式也不可避免地产生了一个问题,那就是如何准确地掌握每个学生的学习状况,实现因材施教。

爱因斯坦说过:每个人都是天才,但如果你用爬树的能力来衡量一条鱼的才干,终其一生,鱼都会相信自己愚蠢不堪。随着人工智能技术的不断发展与应用,今天的个性化教学受到了更多的关注。要真正做到精准教学,教师必须对每位学生的学习习惯、学习行为进行细致的剖析,并加以细致的个别辅导,以最大限度地保证每位学生的学习与成长。但实际上,靠人工去实现这样的目标是不可能的,所以是否可以依赖于人工智能。例如,利用英语的自动评分系统,教师就可以对每个学生的作文进行仔细地修改。在教育方面,以往的数据大多是以纸质的形式存档或者根本没有留存,所以很难分析,但随着大量的纸质文档被转化为数据,教育工作者可以通过对数据的深入分析,找到一些以往无法找到的规律,从而为学生提供科学的、个性化的指导。

我们可以想象这样的情景:利用人工智能与大数据技术,智能平台会根据学生的表现,为学生提供适合的课程资源,同时会根据学生的学习表现作出相应的调整;然后,智能平台根据学生的水平、课堂表现,安排适合的作业,并对学生的作业进行评分,找出学生的问题,并推送给教师。实现个性化的精准教学是教育的最终目标,所以,实现个性化

① 梁迎丽,刘陈.人工智能教育应用的现状分析、典型特征与发展趋势[J].中国电化教育,2018(3):24—30.

学习也是人工智能在教育中应用最核心的价值。

精准教学是在大数据技术的支持下,以学生学习为中心,通过对学生学习状况的精准分析,进而精准确定教学目标、精准开发教学资源、精准设计教学活动、精准实施教学干预、精准进行教学评价,最终帮助教师精准做出教学决策的教学方法。① 随着人工智能技术与教育的深度融合,智能教室、智能设备可以对学生在课堂听讲、讨论、提问、评价和测试等教学过程中的行为和表现进行实时的记录,智能地生成数据,通过对数据的分析,可以捕捉、预测学生的学习行为,为教师精准教学提供支持。智能化技术的实时性和智能化特性,使得跨学科、跨平台、跨组织的多元信息可以迅速汇集,为学生量身定做教学计划,让教师、家长更全面、更快捷地了解学生的学业状况,并根据数据分析进行教育决策。传统意义上的精准教学过分注重对学生学习效果的分析,在智能技术的支撑下,精准教学通过对学生学习过程、行为表现和学习成果的综合考虑,了解学生的心理活动和思考过程,并通过数据挖掘、数据分析、计算建模等手段,对学生的学习行为进行全面的评价和动态调整。② 随着智能技术融入教学中,使得学生个性化学习得以进一步发展,也让班级授课制下的精准教学成为可能。

二、泛在学习成为趋势

从根本上讲,泛在学习是互联网与移动学习的扩展,强调学习环境智能化、资源开放性、学习个性化,强调以学生为主体,为学生的终身学习提供了支撑。③ 泛在学习具有以下特征:①持久性,学习的结果可以随时被记录下来,而且被永久地保留下来;②易获取性,任何学生,可以不受时空的限制,通过合适的设备,以恰当的方式,获取他们所需的学习资料、数据、视频等资源;③情景化,把信息技术与现实的学习结合起来,创设虚实融合的情景,使学习的内容变得更加逼真,从而给学生带来更多的知识;④互动性,学生可以和教师、专家、同学进行同步或异步的沟通与交流;⑤个性化,针对学生的需要,可以对学

① 潘巧明,赵静华,王志临,等. 从时空分离到虚实融合:疫情后精准教学改革的再思考[J]. 电化教育研究,2021,42(1):122—128.
② 任海龙,赵雪梅,钟卓. 智能技术支持下的精准教学:技术框架与运行体系[J]. 教育理论与实践,2021,41(27):56—58
③ 原旉,乜勇. 智能时代泛在学习的基础和教学支持服务研究[J]. 现代教育技术,2019,29(5):26—32.

习资源进行归类,并及时对其所需要的学习资源进行分析,以满足不同个体的需求;⑥即时性,无论在哪里,学生都可以即时获取所需信息。智慧校园、智慧教室、智慧图书馆等的兴起,对泛在学习环境的构建起到了一定的借鉴作用,它包括物理、社会、信息、技术等多维度、多层面的虚实结合的教育环境。可以说,泛在学习的教育情境不仅是教师和学生进行教学的场所,同时也是一个将学校教育、社会教育、家庭教育和自我教育相结合的大环境。

在知识经济时代,教师不再只是一个单纯的传道、授业、解惑的角色,而是要成为一个引导者、促进者、协调者。同时,教师也是一个学习者,教师可以利用大数据技术,发现教育问题并进行教学和学习质量的分析,从而实施科学的教学评价、预测。具体来说,教师可以通过泛在学习网络,开展教学设计、教案准备、课件制作、作业布置、学生管理、答疑解惑、教学评价、成绩管理与分析、互动交流、观摩其他教师教学等工作,在确保教学质量,尊重学生个体差异、兴趣爱好的前提下,与学生结成兼顾情感的多元互动关系。在泛在学习思想的指导下,学生能够根据自身的需要,在任何时间、任何地点进行自主化、个性化、持续性的课程学习。学生可以打破传统课堂环境,将学习与日常生活结合起来,从而使非正式学习的发生越来越成为可能。学生可以从全球网络中学习优秀的课程,并得到相关的学分或课程学习证明。通过泛在学习网络,学生可以学习感兴趣的课程内容,参与小组活动、测试与评价,进行学习成果展示,并与教师和同学交流、管理学习过程、探究学习话题等。随着新的学生不断加入,泛在学习网络呈现出无限扩充的态势,学生之间同步或异步的互动交流成为教学的重要组成部分。

三、智能管理成为主流

随着信息技术的发展,教育管理将会有新的改变。基于数据驱动的政策制定将会是很多区域、学校教学改革的一个重要内容,教育大数据的出现为人工智能的计算方法和数据处理提供了依据,通过对教育数据的实时分析,主管部门可以实现对中小学的实时管理。同时,学习分析技术对学生的学习过程进行量化、诊断、评价、分析,为教师的教学提供及时的反馈,教师能够对学生的学习过程提供最优的指导。智能学习平台形成的全面的学校数据图,可以为学校和教育主管的决策提供数据支撑。总的来看,人工智能应用于教育管理,具有以下三个方面的优势与意义。

1. 人工智能将使教育管理更具有前瞻性

预测是人工智能的一个重要作用,它将一定的程序、数据、前提条件写入智能系统中,通过它来模拟和预测最后的结果。在教育管理活动中,预测是一个重要的过程。人工智能技术基于控制论、信息论、统计学等多学科知识,具有综合处理大数据、复杂程序分析、概率估计、可视化图像模拟、多维计量模型等多种能力,综合预测能力明显优于单一专家预测。比如,人工智能专家系统可以将某一专业领域的专业知识与经验结合起来,利用人工智能的推理技术进行分析与仿真。因此,人工智能使得教育管理更加具有前瞻性。

2. 人工智能促进了教育管理的科学化、透明化

以深度学习、跨界融合、人机协同、群智开放、自主操控为特点的人工智能,必须具备海量的、有效的数据。没有了数据,人工智能也就失去了意义。数据化就是对特定的指标进行明确的计量、科学的分析、精确的定性。数据化是一种目标,它将使教育管理做到有据可查,从而促进教育管理的科学化和透明化。对于教育管理人员来说,量化的指标可以使他们的工作和学习更有目的性、可比性,这本身就是一种很好的激励;对于领导者来说,管理数据化可以避免盲目决策和随机决策。

3. 人工智能技术重构教育管理监督与纠正体系

人工智能在监控和警告方面有着很强的作用,这也是人们对它的赞誉之处。在实际情况与预设情况不符的情况下,系统会自动触发报警系统,使管理者能够及时发现问题,制订应急预案,实施纠正措施。此功能可避免由于问题未被发现或未能及时发现而导致的损失。人工智能的数据化和可视化,也为第三方教育评价机构的工作带来了方便。此外,引入人工智能将拓展教育管理的监测渠道,创新教育管理的监测手段。例如,过去的考试是教育质量监控和评价的重要手段,但采用这种方式监控与评价教育质量存在着许多弊端,而利用人工智能监控与评价教育质量则是全方位、全过程的,可以最大限度地避免传统的教学监控模式的局限。[①]

---

① 欧阳鹏,胡弼成.人工智能时代教育管理的变革研究[J].大学教育科学,2019(1):82—88,125.

四、数据评价成为常态

智能技术赋能教育评价的本质是对传统教育评价的突破和创新,而其实施的关键在于用智能技术助力教育评价过程中数据的采集、处理、分析和运用。具体来说,智能技术赋能教育评价就是充分利用人工智能、大数据、云计算、区块链等先进技术,实现对全过程、全方位教育数据的采集,并对采集的数据进行深度挖掘、分析和反馈应用,对教育教学过程、结果进行多元综合评价,为教育教学改进提供全面、有效的决策依据,实现了教育评价的现代化、专业化,同时由于智能化评价工具的应用,教育评价过程也更加智能、高效。

1. 构建科学的评价体系是教育评价的核心

构建科学的评价体系具体是指借助智能技术手段,通过教育评价人员、信息技术专业人员、教育教学人员等协作,针对不同评价对象和评价内容设计科学的评价指标、指标权重、评价模型。评价指标的设计是评价模型构建的前提条件,是保证评价模型科学化的重要支撑,指标构建方法有质化方法、量化方法和复合性方法等。指标权重设计的合理性既能够反映出决策的主观价值,又可以获得客观准确的测量结果。通过计算机软件系统、人工智能中的推理技术等构建评价模型,实现模拟评价,具体案例有专家系统、人工神经网络、机器学习等。

参与评价的主体由教师、家长、同伴、自我、评价专家等共同构成,形成"评价共同体",使评价过程呈现民主化和人性化,评价结果也更具有真实性和可靠性。教师参与能够给出更加具有专业性、实效性的评价信息;家长参与使评价结果不仅聚焦于在校情况,还包含家庭表现情况,使评价结果更加全面;同伴参与可有效调动学生的积极性,加强沟通交流;自我评价使被评价者的主体地位得到充分发挥,有效提升参与意识,主动反思发现自身的不足;评价专家为评价对象提供更精准、客观、全面的评价结果。

2. 评价数据采集是教育评价的关键

评价数据的采集对于开展科学评价是十分重要的,通过物联感知技术、可穿戴设备技术、视频监控技术、网评网阅技术等对评价数据进行全过程、全方位、多维度的采集，改变过去人工采集记录的方式，实现评价数据立体化获取。全过程是指依托数据采集平台和设备自动记录评价对象在整个活动中产生的各项数据，由过去的"间断性记录"转变为"全过程记录"；全方位强调数据的获取打破时空界限，不仅局限于传统教室，还包含线上学习数据的获取、户外教学活动数据的获取等；多维度是指采集的数据种类会更多样、更全面，包括行为数据、情感数据、体质数据、管理数据等。通过采用数据融合、数据分析等技术，对多模态数据进行诊断分析，实现了多维、全局数据处理和分析的最优化，从而达成精准评估和测评。例如，在海量的多模态数据挖掘中，基于不同模态数据融合，可通过模态数据间的互补学习提取出复杂数据中的有效特征，从而提升了决策结果的准确性；使用机器学习等算法对不同种类的数据进行分析，包括文本分析、语音分析、图像分析、视频分析等，可准确表征评价对象的特征要素。

3. 评价反馈是教育评价的价值体现

评价反馈是实现教育评价应用价值的体现，也是教育评价的重要组成部分。通过高度个性化定制、智能推荐引擎等技术，将评价结果以交互式、可视化的形式及时精准地推送给用户，有效提升评价对象对自我的认知，使评价对象及时调整学习策略、教学目标等，进而有效地促进管理、教学、学习等。评价反馈贯穿整个教育活动的始终，过程性反馈，如课前的预习测评与反馈、课堂的实时监测反馈等，能够让教师及时调整学习策略。随着智能技术与教育不断融合创新，数据辅助下的科学评价将会成为常态。

五、智能教研成为现实

从全国范围来看，当下的教研工作依然面临着诸多挑战，如教研工作质量普遍不高、在学校教育教学工作中被弱化、新知识和新理念更新滞后等。随着网络技术的日新月异，其支持下的教师教研形态不断发展，并经历了从数字化文本交互的信息化教研、教师在线实践社区的社群教研，到智能互联技术支持的教研形态，呈现出继承基础上的创新发展特征。"智能技术＋教研"是信息化教研发展的高端形态，超越了仅将互联网作为技术工具实现简单的信息连接，以互联网思维变革教研的理念、方法与技术，使得教师在移动泛在、云计算、大数据和智能技术支持的环境中,采用多样化的教研方式,促进教师朝着高水平、专业化的方向发展。

人工智能时代的教研环境主要是由物理空间、信息空间、社会空间等三维空间构成的开放互通型教研生态环境。其中,物理空间是指教研主体所处的实体环境;信息空间是指以互联网和大数据技术为依托,为教研提供数据和信息记录、存储、分析、传输等的虚拟环境;社会空间是指网络环境下教研主体间的信息交换和信息共享,是以"人—人"交互的互动空间。由此可知,物理空间、信息空间、社会空间的融合汇通,形成了一个有机的教研生态环境,以有效促进教研数据、教研信息和教研资源的共享。

随着互联网、大数据和人工智能技术在教研中的应用,教研活动呈现出多种形式,如手机听评课系统、直播社区、微信公众号等,实现了"人人都教研,时时能教研,处处可教研",这就大大拓宽了教研活动的时间和空间,激发了教师教研的热情。比如,智能录像技术以其特有的场景重现、跨越时间与空间的分享功能,可以捕捉到课堂教学活动中师生的各种行为,为教师进行研究活动提供了材料支撑。

第二节　人工智能时代的教育发展挑战

知识链接

人工智能赋能教育已成为未来教育变革的重要趋势,本节将结合近年来新的研究与新的人工智能会议报告,对配套政策制定问题、教育均衡包容问题、智能素养提升问题等进行详细介绍。

一、配套政策制定问题

面对人工智能技术的全面发展,教育部门既是应用者,也是参与者。在各国制定的人工智能发展战略中,教育是关键。一方面,人工智能在改进教育体系方面有着巨大的潜力;另一方面,人们期望教育系统能培养出适应人工智能社会的学生。政府行使职能管理国家在很大程度上是通过政策实现的,然而目前有关人工智能教育的公共政策制定仍处于起步阶段,无法应对人工智能领域的创新速度。教育政策制定者应抓住人工智能提供的机遇,制定与宏观教育政策和公共政策有机配合的教育人工智能政策。

2019 年,在北京举办的国际人工智能与教育大会上通过的《北京共识:人工智能与教育》中为各国各级政府制定教育人工智能政策提供了指导和建议。

(1)在人类智能与人工智能的互动中强调以人为本的原则,具体包括四个方面:人工智能的开发应当为人所控、以人为本;人工智能的部署应当服务于人并以增强人的能力为目的;人工智能的设计应合乎伦理、避免歧视、公平、透明和可审核;应在整个价值链全过程中监测并评估人工智能对人和社会的影响。

(2)在规划教育人工智能政策时强调跨界合作和全系统规划原则,认识到人工智能的多学科特性和跨界融合的技术特点及其广泛而复杂的影响,采取政府全体参与、跨部门整合和多方协作的方法,规划和治理教育人工智能政策。从终身学习的角度规划并制定与教育政策接轨和有机协调的全系统教育人工智能战略,确保教育人工智能与公共政策特别是教育政策的有机配合。

(3)权衡政策重点,确保多元经费筹资机制,根据本地在实现可持续发展目标的工作中遇到的挑战,审慎权衡不同教育政策重点之间的优先级,确定政策的战略优先领域;充分认识到推行教育人工智能政策和工程的巨大投资需求;确定不同的筹资渠道,包括国家经费、国际资金和创新性的筹资机制;还要考虑到人工智能在合并和分析多个数据来源,从而提高决策效率方面的潜力。

2021 年 12 月,由中华人民共和国教育部、中国联合国教科文组织全国委员会与联合国教科文组织共同主办的 2021 国际人工智能与教育会议以线上方式举行,会议上经过讨论形成了一些共识,其中就包括要"加强人工智能与教育融合发展的政策引导与推动"。教育部部长怀进鹏也表示:中国将加大人工智能教育政策供给,推动人工智能与教育教学深度融合,利用人工智能促进全民终身学习,致力推动教育数字转型、智能升级、融合创新,加快建设高质量教育体系。

二、教育均衡包容问题

2021 年 11 月,联合国教科文组织发布的《共同重新构想我们的未来:一种新的教育社会契约》报告中探讨和展望面向未来乃至 2050 年的教育,强调人权基础的作用,包括包容与公平、合作、团结和共同责任与相互关联性,并明确了未来教育要确保人们终身享受优质教育的权利。虽然人工智能可以给教育创新带来多种可能,但其也可能加剧教育不均衡问题,尤其是困难群体更有可能被排除在人工智能教育之外,形成新的数字鸿沟。那什么是数字鸿沟呢?数字鸿沟包括物理接入鸿沟和心理接入鸿沟。物理接入鸿沟是指是否拥有电子设备;心理接入鸿沟也可称为使用鸿沟,是指在使用电子设备的时间、类型、效率、效果等方面存在的差异。从宏观、中观、微观三个空间维度透视数字鸿沟,数字鸿沟又表现为三种不同的内容,进而就可以把教育数字鸿沟定义为国家之间、地区之间、学校之间存在的物理接入或心理接入的明显差距。从这个层面来看,物理接入鸿沟是指国家之间、地区之间、学校之间在是否拥有电子媒介方面形成的数字鸿沟。心理接入鸿沟是指不同国家、地区或学校中的学生在使用电子设备时存在的差异,包括使用的时间、类型、方式和技能等四个方面。[①] 简单来说,数字鸿沟是指不同国家、地区、学校、个体之间在是否拥有或使用传播媒介的能力及其差距而造成的信息(知识)获取和使用的鸿沟。人工智能技术在教育中的广泛应用极有可能在教育领域加深不同国家、地区、学校和个体之间的数字鸿沟,进而加剧教育不均衡。

因此,"人工智能+教育"的政策设计,均衡和包容应该是其核心价值观。消除数字鸿沟,确保教育中人工智能的均衡和包容是人工智能教育可持续发展的重要因素。

三、智能素养提升问题

要使教师为人工智能驱动的教育做好准备,重点需要培养其智能素养。智能素养是指人所具有的认识、利用、创造、管理人工智能以适应智能社会发展需要的知识、能力、情意等各方面基本品质的总和。智能素养是人工智能时代人才所必须具备的核心素养(必备品格和关键能力),包括人工智能知识、人工智能能力、人工智能情意三大组成部分。[②] 教师必须学习新的数字技能,以便更好地使用人工智能来辅助教学;而人工智能开发者必须懂得教师的工作,以促进人工智能教育的可持续发展。

① 徐乐乐,冯燕. 教育数字鸿沟新论:兼论信息技术促进教育公平的限度[J]. 教育理论与实践, 2020,40(13):13—18.

② 彭绍东. 人工智能教育的含义界定与原理挖掘[J]. 中国电化教育,2021(6):49—59.

　　未来教师的角色也将发生转变,教师将与人工智能协同合作,各自发挥优势。人工智能技术将帮助教师完成一些机械性工作,也可以是教师的助教,帮助教师实施个性化、精准化的教学。为了有效地使用人工智能技术,教师还需要习得以下新的能力:①了解人工智能驱动的系统是如何改善学习的,能够对新的人工智能教育产品作出正确的价值判断;②掌握数据分析技能,能够解释由人工智能技术支持系统提供的数据,并能对数据进行收集、挖掘、分析、处理等;③能够批判性地看待人工智能和数字技术影响人类生活的方式,以及计算思维和数字技能的新框架,以提高学生理解人工智能的可能性;④能够利用人工智能来帮助自己完成重复性的任务,使自己能够去做更多以前没有时间做的工作,如情感交流、人际交往等;⑤帮助学生获得那些可能不会被机器取代的技能和能力。

　　人工智能、机器人技术和智能辅导系统的兴起意味着教师不能只满足于已拥有的经验和教学技能,而亟须提升自身的智能素养,具体的教师智能素养提升路径体现为以下三个方面。

　　(1)校方为教师提供全面、系统、可应用和可持续性的培训,同时在培训过程中应用智能技术。首先,要在理念层面上使教师全面理解智能素养,防止因片面学习技术而忽略了信息意识和信念素养的培养。其次,培训要保证内容丰富、形式多样、长期进行。校方应打破传统的"填鸭式"培训,多安排实践环节,鼓励不同学科的教师从彼此身上获取灵感,同时,培训应持续一定的周期,贯穿于职前、职中和职后,保证培训的系统性。最后,培训要充分应用智能技术,让教师在使用智能技术之前,体会智能技术在课堂教学或学生管理中的实际作用。

　　(2)营造智能氛围,自觉培养智能思维。例如:成立专门的技术互助小组,分享大数据、物联网、各种教学平台,以及虚拟现实/增强现实、虚拟仿真等技术应用于教学过程的经验与做法;组成文理教师兼顾的互助小组,理工专业教师可多吸收哲学思维,在培养学生的过程中渗透"人类智慧",文科专业教师多学习智能技术,在培养学生的过程中应用"类人智慧"。

　　(3)加速智慧校园建设,倒逼素养的提升。例如,改善校园网速、为教师提供包含各种教育教学资源的数据库、完善必备的大数据分析软件和云资源平台等,以实现教育治理和教学过程的现代化。[①]

---

　　① 祝士明,刘帅瑶. 世界高校智能教育的发展脉络及启示[J]. 中国电化教育,2019(11):49—59.

四、数据平台构建问题

数据对于人工智能就像燃油对于引擎一样,构建开放、高质量、高包容的教育大数据平台是实现人工智能教育可持续发展的关键。一套完整且最新的数据处理系统,可以为人工智能的预测与机器学习的运算提供无限的可能。但目前数据平台的发展还存在以下一些问题。

1.数据整合面临难题

教育领域治理的内涵和外延越来越丰富,内外部的影响因素也更加复杂,相关资源彼此联系、信息交织汇集。[①] 教育治理涉及的数据层次多样、类型不一,这些数据不仅包含教育层面,还包括经济、人口、道路交通等社会生活的各个方面。从海量庞杂的数据中提取出对区域教育治理有效的信息,显然是一项繁杂而艰巨的任务。另外,由于不同地区、不同部门之间相对独立,数据被各自存储、保管,数据无法互通造成的"数据孤岛"和"数据深井"现象比比皆是。

2.数据采集、处理方式相对落后

教育数据采集的重心将向非结构化的、过程性的数据转变,这类数据具有难测量、隐性化等特点。[②] 教育数据的采集与分析是制定区域教育政策、规划发展方向、实现科学治理的基石,传统的教育数据采集方法对于非结构化数据的挖掘已然不适用,构建新算法、新模型、新路线去进一步挖掘教育大数据的潜藏价值成为研究重点。

3.平台之间难以贯通

区域教育大数据平台的建设,必须以各教育治理主体所掌握的相关数据完全共享为

[①] 张培,夏海鹰.教育领域数据治理的基本思路与实践路径[J].现代教育技术,2020,30(5):19—25.

[②] 杨现民,王榴卉,唐斯斯.教育大数据的应用模式与政策建议[J].电化教育研究,2015(9):54—61,69.

前提。① 目前,系统化的数据挖掘与数据分析机制尚未建立,数据共享所依赖的相应制度建设严重不足,致使不同层次、不同类型的部门间难以及时共享数据资源和技术经验,统一的大数据采集、管理中心平台建设任重而道远。

4. 平台应用对象缺乏普适性

区域教育大数据平台的使用不仅面向教育从业者,还包括政府管理层、决策层等多种人群。从已有的实践案例和理论模型可以看出,当前大部分案例和研究的视角主要集中在学校层面。② 平台缺乏对于学校层面以上的、不同地区教育情况的直观展现,无法精准、高效地满足各地区个性化的教育需求。③

人工智能技术使数据在教育系统的各个层面发挥了作用,比如,智能学习分析可以让教育者了解学生的进步和学习方式,使教师能够及时地改变他们的教学方式。但在许多国家,教育数据的搜集与分析一般都是一年一次,由于时效性这些数据常常不能反映出短期动态。尽管获取数据的技术日益成熟,但是它的高成本给中低收入国家带来了挑战。因此,有必要对这些数据系统进行认真的评估,衡量其潜在的收益。同时,数据搜集也要考虑到社会经济状况。高品质、包容的教育数据平台,除了要有核心技术上的突破外,还要符合教育理念与教育实际需求。

五、智能教育研究问题

人工智能在教育中的应用虽然涌现出一批成功案例,但是远未达到"广泛可用"和"好用"的状态,因此,亟待加强人工智能在教育领域的应用研究。人工智能在教育中的应用的基础研究不仅包括通常我们理解的人工智能技术应用于教学过程的"教、学、管、

---

①　姚松.大数据与教育治理现代化:机遇、挑战与优化路径[J].湖南师范大学教育科学学报,2016,15(2):76—80.

②　郑勤华,熊潞颖,胡丹妮."互联网＋教育"治理转型:实践路径与未来发展[J].电化教育研究,2020,41(5):45—51.

③　范炀,茆瀚月,李超,等.面向区域教育治理的智能化大数据平台研究[J].现代教育技术,2021,31(9):63—70.

评、练、测"各个环节的研究,而且包括脑科学、认知科学、知识工程等方面的研究。[①] 教育领域研究者和实践者一方面需要等待技术的成熟和人工智能领域的基础理论的发展,同时也要积极投身于人工智能教育的基础研究中,具体可以从两个层面入手。

1. 技术应用层面的基础研究

人工智能教育依赖于人工智能技术的突破性进展,因此教育领域研究者在期待人工智能尽快突破更多技术瓶颈的同时,应该积极同人工智能技术领域研究者形成研究共同体,特别是在当前许多高校建设人工智能学院的背景下,教育领域研究者积极投身于人工智能相关技术应用于具体教育场景的研究十分必要。人工智能技术在教育领域的应用,也离不开数据、算法和算力。教育领域研究者深入理解教育活动的发生过程,能够为获得大量教育数据"原料"提供数据采集策略、采集工具和更广泛的数据来源,能够基于对学习的理解提供更符合教育需求的算法。未来,我们期待在自然语言处理、自动翻译、自动输入和识别数学公式、自动阅卷等相关技术研究领域,出现更多由教育领域研究者和人工智能技术研究者组成的研究共同体,共同推动人工智能在教育应用层面的创新。

2. 基础理论层面的研究

研究者们应通过更深入的脑科学、认知科学、知识工程的研究,推动人工智能技术的基础理论创新。通俗来讲,人工智能就是研究人类智能,并期待创造出能模拟人类智能的机器智能的研究领域,对于人类智能的研究是人工智能基础理论突破的一个方向。教育领域研究的是"人类智能的增长",教育领域研究获得基础理论突破的同时,一定程度上也能够促进人工智能的基础理论研究。在研究成果进行实践转化过程中,研究者们必须立足于本国的实际诉求,以扬弃的态度合理采纳,对其中的矛盾和不实之处,需提出正确的研究问题,进一步以研究克之。

---

① 肖睿,肖海明,尚俊杰. 人工智能与教育变革:前景、困难和策略[J]. 中国电化教育,2020(4): 75—86.

六、数据隐私安全问题

数据是人工智能的基石,大规模收集、使用、分析和传播数据引发的伦理问题是人工智能在教育领域应用的又一个重大挑战。例如,学生的隐私数据被"二次开发或利用"造成个人信息暴露,隐私信息贩卖招致的电信、网络诈骗。智能技术及迭代数据处理的无序使用、隐私保护制度的滞后、网络平台技术垄断倾向等问题日益凸显,使得人工智能背景下隐私数据保护问题亟待解决。[①] 人工智能技术通过对教师和学生的日常行为习惯和学习行为特征等数据进行深度挖掘与分析,可以为教育教学和校园管理提供决策支撑,但这也在无形中将教师和学生的隐私暴露在了第三方空间中,削弱了教师和学生对自身隐私的控制能力。从价值角度来看,数据是客观存在的,其到底是发挥积极功能还是消极功能取决于使用主体。在教师和学生眼里,数据是其个人隐私,应当得到必要保护;在学校管理者眼里,数据是推进改进教育教学的支撑,应当得到有效的记录和保存;在商业开发者眼里,数据是拓展商业利益的工具,通过数据分析可以展开有针对性的商业营销。但随着教育应用场景的拓展,数据产生的来源将愈来愈广、过程将愈来愈复杂、规模将愈来愈庞大、使用目的也将愈来愈多元,而这显然会提升隐私数据保障的难度系数。

2021年8月,第十三届全国人民代表大会常务委员会第三十次会议通过的《中华人民共和国个人信息保护法》中对收集、使用和存储个人数据作了一系列规定。人工智能时代,数据权利逐渐成为公民的一项基本权利,推动人工智能时代的教育数据治理变革需充分关照组织层面和个体层面相关主体的矛盾复杂性及隐私保护与开放共享的内在冲突性。一方面,要将学生和教师的隐私权益置于价值秩序的优先序列,确保教师和学生的合法权益不受侵害;另一方面,要借助人工智能来推动教育教学变革,从而更好地为促进学生健康成长和教师专业发展服务。在此背景下,如何在保障学生和教师隐私不受侵犯的基础上最大程度地发挥教育大数据的应用价值是人工智能时代教育数据治理不懈追求的目标。[②]

[①]　侯浩翔. 人工智能时代学生数据隐私保护的动因与策略[J]. 现代教育技术,2019,29(6):12—18.

[②]　田贤鹏. 隐私保护与开放共享:人工智能时代的教育数据治理变革[J]. 电化教育研究,2020,41(5):33—38.

第三节　人工智能时代的教育发展趋势

一、培养计算思维能力

知识链接

计算思维作为人工智能时代的新产物,是一种可以灵活运用计算工具与方法求解问题的思维活动,对促进人的整体和终身发展具有不可替代的重要作用。《普通高中信息技术课程标准(2017 年版 2020 年修订)》中指出:计算思维是指个体运用计算机科学领域的思想方法,在形成问题解决方案的过程中产生的一系列思维活动。具备计算思维的学生,在信息活动中能够采用计算机可以处理的方式界定问题、抽象特征、建立结构模型、合理组织数据;通过判断、分析与综合各种信息资源,运用合理的算法形成解决问题的方案;总结利用计算机解决问题的过程与方法,并迁移到与之相关的其他问题解决中。目前,我国学者建构的计算思维教学模式,主要是以培养学生的计算思维能力为核心,将计算思维的思想与方法潜移默化地渗透在具体的教学内容和教学过程中,通过引导学生积极参与学习活动,使学生在长时间、系统而复杂的学习活动和心理过程中获得计算思维。随着人工智能进入人类生活的各个领域,人们意识到需要充分运用计算思维来应对人工智能对人类生活与社会结构产生的重要影响和冲击。[①] 正因如此,计算思维被视为 21 世纪人们最需具备的素养与技能之一。关于计算思维能力的培养等相关问题,提出以下几点展望。

(一) 明确计算思维的目的和方向,集中于问题的解决

问题求解是许多学科中公认的运算思维的基本特性,而学生的问题求解则是从内部思考的转变,逐渐地构建出问题的解决途径,并最终形成一个系统的解答。计算思维有助于学生自觉地从计算的观点出发,并积极运用技术来协助学生解决问题。当前,人们

[①] 范文翔,张一春,李艺. 国内外计算思维研究与发展综述[J]. 远程教育杂志,2018,36(2):3—17.

的注意力集中在如何培养计算思维来解决实际问题上,而对于开放问题的重视程度较低,需要从纯粹的技术应用向技术创新的再创造方面进行深入的探索。

(二)加强对计算思维内容的组织,注重跨学科跨学段的融合

计算思维并非电脑专家独有的思考方式,而计算思维也不仅与电脑相关,因此必须对其进行丰富与完善。当前的研究主要集中在教育方式的革新和运用上,在相关文献中,大多数的论文都集中在计算思维的形成机制、师资队伍建设、计算思维可视化工具的开发、计算思维课程的开发、计算思维的评估等方面。随着时间的推移,关于计算思维的研究将会越来越广泛,从人文、社会、基础教育,乃至幼儿园等各个领域,并将其发展成为一个整体。

(三)明确计算思维培养的具体途径,培育具有创造性的师资队伍

在我国,计算思维的教学起步较晚,是在 2012 以后,而且是从高等教育开始的,现在还处在初级阶段。计算思维的实施途径要针对不同的学段情况具体引入。例如,在小学阶段可以将计算思维的教学内容插入普通技术和艺术课程中;中学阶段可以将计算思维的教学内容放入计算机和数学模型的教学中;而在大学阶段,可以通过开放问题和数学讲座等方式引导学生进行深入的探索。具备计算思维能力的教师是激发和转换学生计算思维能力的催化剂,他会利用计算思维的资源和工具对学习过程进行阐释,运用多种教学手段,强化学生的计算思维,使学生具备符合时代要求的计算思维观念和行为。如果教师自身缺乏计算思维能力,则会极大地影响学生计算思维的发展。

(四)明确评估的方向,注重外部评估

在人工智能时代,计算思维已经成为一种新的素养,对学生已经达到的能力进行正确的评估和全面认知尤为重要。在学科教学中,如何科学、高效地进行计算思维评估,是实现计算思维能力的重要手段。目前,国内关于计算思维的评估大多侧重于教学实践,对于教学实践活动的评估也侧重于基础的知识层面,对于技能、方法、信念和态度等的评估则较少。总之,目前的评估主要侧重于对知识水平的评估,缺少对能力和技术的外在评估,还未形成一个完善的评估系统。未来,一方面要加强对能力和技术的评估,以便于对教学目标的实现进行监督;考核内容要多样化,注重对信念和态度的评估。另一方面

要发展一套可信、严谨的计算思维评估工具,或为特定的科目设计特定的计算思维评估量表,从而使评估更具针对性。

二、消除智能数字鸿沟

人工智能技术的发展,不仅会推动社会的进步,也可能导致不同地区数字鸿沟的产生。因此,我们需要警惕人工智能的马太效应。在教育信息化 2.0 时代,同时存在三层鸿沟:数字鸿沟、新数字鸿沟、智能鸿沟。其中,智能鸿沟是指思维鸿沟,就人工智能时代而言,主要表现在能不能理解和充分适应以互联网技术和人工智能技术为核心驱动的信息科技,实现个人和社会的协调发展。[①] 联合国早就提醒要防止出现数字鸿沟,也要防止人工智能技术带来的智能鸿沟:第一,要优先发展智慧教育,即以人工智能推动的智能教育,通过 5G 技术解决优质教育资源不公平难题,探索优质教育资源服务创新供给新模式;第二,推动"人工智能+教师"专业发展,落实教师信息技术应用能力提升工程 2.0,培养教师的数字化胜任力和人工智能思维等,以适应人工智能教育时代的教师专业成长;第三,树立终身学习理念,应对人工智能时代的工作、学习与生活变化。随着人工智能技术的发展,知识更新和知识生产的速度加快,劳动力市场变化日益加剧,唯有通过终身学习、自主学习来提升自我,方能应对这些不确定性。

三、构建智能教育生态系统

智能教育生态系统是以"人工智能服务教育"为指导理念,以"5G+人工智能"为实现基础,以智能校园、基于大数据的智能化学习空间平台、智能虚拟助理、立体综合智能教学场等"人工智能+教育"应用形态为支撑,利用 5G 技术、物联网技术、云计算技术、混合现实技术、区块链技术、分析技术等智能技术,形成的包含交互式学习、智能学习的"网络化、融合化、数字化、智能化"的新生态系统。智能教育生态系统,旨在打造"以学生为中

---

① 任友群,万昆,冯仰存. 促进人工智能教育的可持续发展:联合国《教育中的人工智能:可持续发展的挑战和机遇》解读与启示[J]. 现代远程教育研究,2019,31(5):3—10.

心"的智能化教育环境,加快推动人工智能在教学、管理、资源建设等全流程的应用,以智能、快速、全面的教育分析系统为手段,进而推动人才培养模式的改革,促进学习方式、教学方法和教育模式的创新变革,进而为学生、教师和各级教育管理者提供适切、精准、便捷、人性化的优质教育服务。

2017 年,《新一代人工智能发展规划》中提出了"智能教育",这是目前"人工智能＋教育"的一种融合形态。该文件中指出:利用智能技术加快推动人才培养模式、教学方法改革,构建包含智能学习、交互式学习的新型教育体系。新型教育体系要以"人工智能服务教育"的理念为指导,利用高速发展中的移动互联技术等,旨在打造"人人皆学、处处能学、时时可学"的智能化教育环境,促进学习方式变革和教育模式的创新,为学生、教师和各级教育管理者提供适合、精准、便捷、人性化的优质服务,最终形成"人工智能＋教育"的生态系统:智能校园、立体化综合教学场、基于大数据智能的在线学习教育平台、智能教育助理。

就目前来看,我国人工智能教育发展仍然面临着诸多问题,如何使人工智能技术嵌入教育生态系统与教育教学深度融合,需要我们投入更多的努力。

首先,人工智能教育发展应该从国家战略角度出发,对人工智能教育进行顶层设计,在国家层面建立系统的人工智能教育发展规划方案,根据各地区的差异,协调优先发展和平衡发展的关系,积极制定与之相适应的人工智能教育发展规划,为构建公平而高质的人工智能教育生态系统提供支持和外部机制保障。

其次,人工智能技术应与教师/学生的特点相吻合。目前,我国正在积极探索人工智能助推教师专业发展,但是关于人工智能如何改善学习,人工智能教育质量如何得到保证,却没有相对应的答案。解决这些问题需建立人工智能教育质量监测和评价机制。

再次,人工智能技术与教育教学的深度融合,可以通过人工智能技术构建学科知识图谱,为学生的个性化学习和学习资源智能推荐、诊断提供支持。

最后,构建公平而有质量的人工智能教育生态系统需要政府、企业、学校、科研机构等的共同参与,建立人工智能教育行业标准,让产业、技术与教育良性发展,共同推动人工智能教育发展。

四、技术赋能智能教育

每一次技术的变革都可能引发教育的变革。在移动互联、万物互联的背景下,当下最炙手可热的莫过于 5G 技术,其也必将给教育带来新一轮的发展。5G 技术作为一种基础通信技术,具备超大带宽、超高速度、超低延时、超强稳定性等优势,其对人工智能的发展、教育信息化的转型升级都会产生影响。而 5G 技术与人工智能技术在教育领域强强联合,将带来更加高级形态的教育信息化,同时有助于缓解因地区差异带来的教育资源配置的不均、师资的缺乏、设备设施建设不齐全等问题,从而进一步促进教育均衡发展。除此之外,5G 技术与人工智能技术在教育领域的应用也将加快推动人才培养模式、教学方法改革。

(1) 5G 技术和人工智能技术将有助于构建沉浸式的学习环境,特别是随着虚拟现实/增强现实技术的迅速发展,学生可以在沉浸式的学习环境中学习,这有助于培养学生的空间思维和创造力,实现深度学习。

(2) 新技术助力实施人工智能教育策略,有助于创新高层次人才培养机制、提升教育手段智能化程度、探索多元化教育教学形式等。

(3) "5G＋人工智能"将进一步催生智能教育,促使从"学以致用"到"用以致学",即从传统命题性知识传授变为个性化知识传授;促进人机协同,即教师原本一人身兼组织者、评估者、教授者的多重身份将被分解,需要与智能机器协同教学。

五、重视智能教育伦理

科技是一柄双刃剑,随着人工智能时代的到来,人工智能伦理问题越来越受到人们的关注。2021 年 9 月,国家新一代人工智能治理专业委员会发布了《新一代人工智能伦理规范》,目的是将伦理道德融入人工智能的全生命周期,为从事人工智能相关活动的自然人、法人和其他相关机构等提供伦理指引。2021 年 11 月,联合国教科文组织发布了《人工智能伦理问题建议书》(以下简称《建议书》),目的是在全球现有人工智能伦理框架之外,再提供一部全球公认的规范性文书,《建议书》中不仅注重阐明价值观和原则,而且着力于通过具体的政策建议切实落实这些价值观和原则,同时着重强调包容、性别平等及环境和生态系统保护等问题,并强调人工智能有关的伦理问题复杂性,需要多方合作、共同承担责任。

关注智能教育的伦理问题,理顺其有关伦理风险的化解途径,将有助于我们更好地发挥其在道德上的作用,促进教育政策的公正。具体而言,需要重视以下几个方面。

1. 重视教师和学生的信息素质培养

学校尤其要注意培养教师和学生的信息辨别能力。学校要严格筛选信息的获取途径、鉴别信息伦理风险,提高教师和学生的信息辨别能力。

2. 健全人工智能的评估和决策机制

首先,要重视对人工智能算法的审核机制的建设。人工智能的运算结果有很大的误差,这种误差有可能会继续存在,甚至会扩大。为了保证使用者的数据的准确性、隐私性和道德准则,必须从根本上分析人工智能的运算模式。其次,必须对人工智能教学实施方案的决策机制进行界定。政府、学校、企业等都要秉持"群策群力"的原则,鼓励公众自由发表自己的观点,并在一定程度上进行投票和评估,以确定人工智能在教育领域应用的最优方案,从而满足公众对教育的需求。

3. 强化对人工智能和数据的管理

目前,人工智能在教育领域的应用已显露出许多技术与数据不对称的问题,需要健全智能技术与教育数据的责任追究制度,以达到对智能科技与数据的规范监控。首先,可以尝试制定和发布相关的法规。其次,加强对人工智能的数据监控,建立专门的保密机构。在将人工智能技术推广到市场之前,个人信息管理部门或个人应当对其进行数据的安全性评价,防止其进行非法共享和利用。

4. 强化对人工智能的道德风险的甄别

人工智能的道德风险不仅存在于研发过程中,而且还存在于产品和销售环节。在保证人工智能的安全的前提下,我们必须对其伦理风险、教育数据伦理风险进行评价,从而确保人工智能在教育领域应用的安全性。

5. 建立基于人工智能的校本化道德标准

人工智能的校本化道德标准应该是公平和可理解的,它要对学校应用人工智能的基本要求、审查程序和道德标准进行清晰的界定,并且对技术开发商、学校管理人员的职责、权利和义务进行界定。在学校层面上,学校管理者可以根据人工智能在教育领域应用的道德标准,设定人工智能在学校教学中的使用授权。如果一种人工智能技术在使用过程中存在着严重的道德风险,那么,人工智能的使用许可应按照其道德风险程度来确定。

参考文献

[1] 刘永,胡钦晓. 论人工智能教育的未来发展:基于学科建设的视角[J]. 中国电化教育,2020(2):37—42.

[2] 吴晓如,王政. 人工智能教育应用的发展趋势与实践案例[J]. 现代教育技术,2018,28 (2):5—11.

[3] 杜静,黄怀荣,李政璇,等. 智能教育时代下人工智能伦理的内涵与建构原则[J]. 电化教育研究,2019,40(7):21—29.

[4] 邓国民,李梅. 教育人工智能伦理问题与伦理原则探讨[J]. 电化教育研究,2020,41 (6):39—45.

[5] 任友群,万昆,冯仰存. 促进人工智能教育的可持续发展:联合国《教育中的人工智能:可持续发展的挑战和机遇》解读与启示[J]. 现代远程教育研究,2019,31(5):3—10.

[6] 张立国,刘晓琳,常家硕. 人工智能教育伦理问题及其规约[J]. 电化教育研究,2021, 42(8):5—11.

[7] 李晓岩,张家年,王丹. 人工智能教育应用伦理研究论纲[J]. 开放教育研究,2021,27 (3):29—36.

[8] 王罗那,王建磐. 人工智能时代需要关注的新素养:计算思维[J]. 比较教育研究, 2021,43(3):24—30,38.